U0175506

Best Time

白 马 时 光

化学超有趣

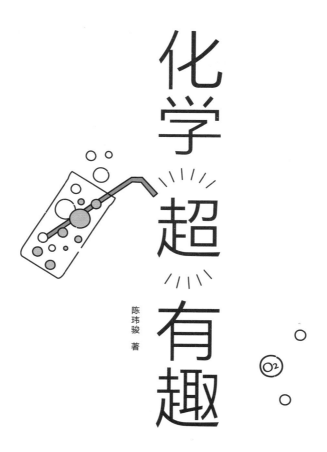

陈玮骏 著

山东文艺出版社

图书在版编目（CIP）数据

化学超有趣 / 陈玮骏著. -- 济南：山东文艺出版社，2021.9

ISBN 978-7-5329-6390-4

Ⅰ．①化… Ⅱ．①陈… Ⅲ．①化学－普及读物 Ⅳ．①O6-49

中国版本图书馆CIP数据核字(2021)第106729号

图字:15-2021-215

化学超有趣
HUAXUE CHAO YOUQU

陈玮骏　著

主管单位　山东出版传媒股份有限公司
出版发行　山东文艺出版社
社　　址　山东省济南市英雄山路 189 号
邮　　编　250002
网　　址　www.sdwypress.com

读者服务　0531-82098776（总编室）
　　　　　0531-82098775（市场营销部）
电子邮箱　sdwy@sdpress.com.cn

印　　刷　天津融正印刷有限公司
开　　本　880mm×1230mm　　1/32
印　　张　7.5
字　　数　220 千
版　　次　2021 年 9 月第 1 版
印　　次　2024 年 3 月第 2 次印刷
书　　号　ISBN 978-7-5329-6390-4
定　　价　56.80 元

你的化学宇宙是浩瀚无垠的！

在收到玮骏新书的推荐序邀请时，我心里感到很荣幸，而拜读完书稿之后，看到自己的学生对化学充满兴趣，进而以创新且有趣的观点阐释生活中与化学有关的现象，更有"青出于蓝而胜于蓝"的感觉。

这本书很适合正在学习理化的中学生阅读，甚至可以当作课本之外的辅助读物，为什么呢？首先，本书内容涵盖了课本内强调的大部分核心知识点；其次，拜网络发达所赐，几乎所有中学课程内容都可以在茫茫网海之中找到适合的在线学习资源，也就是说，在学校里任教的老师们，可能会面临学生在上课之前已经自学完你即将要讲述的内容的情况。所以如果老师们只是照本宣科的话，想必台下的学生早已神游到别处了，课堂的吸引力则会大大下降。

但是，你如果能够适当地利用想象力，把生活现象背后的科学原理以生动的比喻来说明，善用拟人化或生活中的情境来类比这些科学原理，那么学习的边界可以因想象力而无限扩张。没错，也就是你的化学宇宙是浩瀚无垠的。当然，你的学习效果也会提升许多！举例来说，当学习到元素周期表的相关内容时，可以参考书中所述"幼儿园大乱斗"的比喻，运用想象力将原本在周期表中冷冰冰的元素符号，转变成幼儿园中的小朋友们，这样可以把原子得失电子的难易度比喻成小朋友的个性差异。还有，当学习到同位素的概念时，可参阅书中所述"如何把 3 个名字相同的陈怡君小朋友辨认出来"的比喻，来理解科学家分辨同位素的方法。

除了以上所提到的，在课程中出现的浓度、溶解度、酸碱性、氧化还原反应、大气压力等概念，在本书中都能找到好记又让你印象深刻的传神比喻，可以大大增进你对科学课程的好感度！

另外，本书也很适合一般大众阅读，因为它会在生动地解释科学原理后，挑选出普罗大众常有的一些似是而非的观点，以活泼有趣的口吻加以说明，帮助大家破除心中的迷思。

总而言之，看到玮骏把自己对科普的热情倾注在这本书中，再加上出版社的编辑协助，在文字旁配上栩栩如生的插图，为这本书增添可看性、易读性，我诚挚地把这本书推荐给想进入丰富化学世界的大朋友、小朋友哦！

台北市敦化中学教师　侯宇洲

去建构属于自己的化学宇宙吧！

"化学"，顾名思义，是一门探讨"变化"的科学。在英文里，也有人将"Chemistry"拆解为"Chem Is Try"，把这两句话综合在一起看，似乎在暗示着化学家在做的事情，就是通过不断尝试来研究万事万物的变化。相信你有听过，这世上唯一不变的事物就是"变"，既然变化无所不在，那也就是说，化学其实无所不在。

不知道读到这里你会不会有个疑问，如果化学真的是无所不在，为何在日常生活中不但难以察觉，甚至当难得地吸引人注意的时候，经常都是被爆出不好的新闻事件的时候，不是化学工厂毒物外泄、爆炸，就是有害物质残留，甚至是跟毒品有关。虽然偶尔有新药物合成、诺贝尔奖等新闻可以稍稍平衡一下，但与化学有关的负面新闻，出现频率总是高于正面新闻。相信有许多人初次知道身边同学念化学系时，第一句问的多半就是"你会不会做毒药"或"你会不会做炸弹"。

其实只要稍加留意就不难注意到，食品广告想要强调"天然健康"的形象，总是会用"化学"作为负面形象的代表，好像任何事物只要冠上"化学"两个字，就是危害的象征。许多广告以"不含化学成分"来强调产品出自天然，相信你已经听过不止一次。我还记得这个概念甚至成为某家品牌的广告语：恨化学的 ×××。

然而事实上，他们销售的洗衣粉，正是利用"化学"来达到除污的目的，这确确实实是一个基于化学的产品，其生产者却对化学如此存疑，要是这世上有"化学之神"，神可是会哭泣的。因为这对化学实在是太不公平了！你即便不懂化学，只要仔细检视，就会发现化学早就默默地在日常生活中助你一臂之力，甚至是现今科技发展的基石之一。可惜的是，化学对我们如此重要，世间对它却抱持敌意，面对漫天飞舞的诸多令人产生误解的舆论，"化学之神"不仅千言万语说不出口，而且还没办法对我们表达不满。既然如此，我心想，那就让我来帮化学平反一下吧！

照理来说，严重背离科学事实的言论不应该普遍流传才对。但事实上，在现行的教育体制下，科普教育经常沦为升学考试的工具，那些记不清的元素符号、常常搞错的反应式，还有繁杂的计算过程，也就这么坏了大家的胃口，在大家心中留下相当大的阴影。然后当看到与化学相关的事件时，过去学习化学的不好经验顿时让人心里隐隐作痛，最后拒绝更深入地去了解细节。

事实上，理解日常生活中的化学现象并不是太困难的事，而且正因为我们肉眼看不到原子在我们眼皮子底下做了什么事，所以它们的一举一动更让我们充满了想象。每个人的成长经历都不相同，对化学的理解也不同。如果你要10个化学家形容他们所理解的化学时，也许会有10种或更多种的比喻！在这本书里，我把自己对化学世界的想象变成了轻松、有趣的文字，试着换一个角度来让各位认识化学，这个过程中完全不需要你拿出纸笔计算。而且读完之后，也许你对化学会有跟我完全不同的想象，拥有你自己的化学宇宙！

这本书从构成物质的基本粒子——原子开始讲起，我将用10个篇幅来唤醒你对生活化学的好奇心：历久不衰的"负离子"到底是怎么一回事，连吹风机都要来掺一脚？碱性离子水真的可以拯救酸性体质，让我们远离医生吗？要怎么做才可以让水像气泡水那样充满气泡？甚至告诉你著名的"曼妥思喷泉"是怎么回事，为什么它可以让气泡一涌而出。看完本书你会发现，原来真的有那么多化学原理默默地躲在生活当中，而且它们一点儿也不像电视上讲的那么可怕。本书也会提到一些化学小实验，让化学读起来更加有趣、生动！

像是看一场篮球比赛，如果你能理解球赛的规则、球员的特色、教练战术的运用，看球赛时就不会仅止于看每一个进球的当下，还会赞叹得分的战术策略。理解化学，不仅让你更明白化学现象背后的原理，更重要的是让你在面对化学时，可以常以一个清醒的头脑去判断是非对错。懂一点儿化学，不仅能守住我们的荷包，甚至能让我们越活越健康！现在就让我们翻开下一页，开始用化学的角度探索生活吧！

目 录
CONTENTS

第3章 │ **你的半糖不是她的半糖**

——揭开"浓度"的秘密

第4章 │ **水分子的渗透任务**

——关于"半透膜"与"渗透压"

目　录

第5章│拒当"酸民"？
　　　——从酸碱体质理解生活中的"酸碱值"

第6章│讨厌你，但不能没有你
　　　——氧气与你我的"爱恨情仇"

第7章｜是调解专家也是整人高手
——洗洁精其实是个 "斜杠青年"

第8章 | 历史留名但罄竹难书

——食品安全黑历史

第9章 | 活跃分子与边缘人的小剧场

——"溶解度"狂想曲

第 10 章 | **别再说我没抗压性!**
　　　　——无所不在的"压力"

地球上所有物质都是由原子构成的。到目前为止，你可以在元素周期表上面总共找到 118 种化学元素的原子。但事实上，里面有许多原子是"人工打造"的——也就是依赖实验室合成的，而且它们稍纵即逝，以至于平常在地球上根本察觉不到它们的踪影。根据研究，地球上自然存在的化学元素有 90 多种。因此整个世界，大至陆地海洋，小至细菌病毒，都在这 90 多种化学元素的范围内，所以这个世界没有什么东西"完全不含化学成分"，因为就连你与我也都很"化学"。

第1章

由"原子"构成的世界

——构成万物的基本粒子

化学不等于实验室！
生活比你想的还"化学"

　　如果要用一句话来激怒一个化学系学生，我想，劈头直问对方"你们化学系应该很会做炸弹哦"应该是不错的选择。要是你们交情不错，光看他双手握拳、快要气炸，同时却得顾及情面努力挤出尴尬的笑容还不过瘾，还想挑战彼此友情极限的话，你还可以甩出第二招：拿一个广告文案，指着上面大刺刺的广告词说：

　　"你看，这化妆品（或是食物、饮料），竟然不含化学成分欸！"

希望你的化学系朋友听完之后，没有当场白眼翻到抽筋。

时光倒流到那个美好的学生时代，或者你现在就是个学生，回想一下，并试着用一分钟的时间，描述在初中、高中的化学课里，浮现在脑海的人、事、物。希望别只剩老师独家的记忆口诀，或是一些不好笑的笑话，然后……然后就什么都记不起来了……

平常不在实验室里待着的人，总觉得"化学"这个词象征着实验室、烧杯、试管、酒精灯和各种五颜六色的液体与会变色的试纸。正如电视上食品、药品的广告，只要拍摄到实验室的画面，往往都会有个人身穿白色实验衣，戴着护目镜，手举得高高的，把烧杯或试管凑到眼睛前面细细端详。相信这个画面可以说是大众对于化学实验室的印象——这离生活是那么遥远。但其实不然，化学不但与我们密切相关，还密切到你不能否认**"人体就是一座化学工厂"**这样的事实。

那么，为什么"不含化学成分"会让化学系学生如此生气呢？

因为我们知道，**地球上所有的物质都是由原子构成的。**

整个宇宙
都是原子积木的杰作

从文章一开始，我们提了好多次"原子"，原子到底是什么东西呢？简单来说，

原子是构成万物的基本粒子。

你看过乐高积木作品吗？积木爱好者可以用一块块小积木，拼接出国内外知名建筑物甚至是山水画……如果你曾对壮观的乐高积木作品感到惊讶，那么换个角度来思考，你更应该对这世间万物感到震惊，因为如同我们一开始提到的，**地球上自然存在有 90 多种元素的原子**，这 90 多种元素的原子就像是一块

块积木，而仅靠着这 90 多种积木，就能打造出我们生活的地球，其中还包含了成千上万的生物，以及其他数都数不清的无生命体！

所以，从来没有什么东西"不含化学成分"——除非厂商卖的保养品是一股神奇的能量波，当你打开盖子的瞬间，就散发出某种神秘能量，让皮肤上的瑕疵瞬间消失……

至于许多保养品广告之所以总是多加"不含化学成分"这 6 个字，目的只是想让消费者回想起以前那些无良厂商使用非法化学原料，曾做出骇人听闻的黑心产品的社会案件，

原子是构成万物的基本粒子

以强调自己"天然、纯粹、不伤身"的商品特质。其实，他们大可表明自己不使用哪些对人体不好的化学品，都好过这种不科学又贩卖恐惧的广告词。

虽然组成物质的基本粒子是原子，不过我们还可以再更靠近一点儿去观察原子，更具体而详细地说：

原子都是由 3 种更小的粒子
——电子、质子、中子所构成的（氢 –1 原子例外）。

"原子幼儿园" 大乱斗

　　人们一般对于原子样貌的想象，不外乎就是有几个依循既定轨道的粒子，环绕着正中央的一个小球，就像是太阳系的行星环绕太阳一样。而那些依循轨道运行的小粒子，就是电子。虽然经过科学论证后我们知道，电子其实没有依循特定轨道运动，而是在固定区域中随机出现，不过多数人通常还是有着类似的印象。

　　那么问题来了，在想象的图像当中，我们已经知道电子就在中央小球的外围环绕。但是，还没提到的另外两个粒子——质子与中子的位置会在哪儿？如果就在中心的小球里，那么，那个小球到底是质子还是中子呢？

答案揭晓：小球里面是质子……还有中子！

通常只要我这么回答，第一次听到这个答案的人总会有些生气："到底在卖什么关子！讲话就好好讲嘛！什么又是质子还有中子的，都要听不懂了！"

别急别急，听我解释。质子与中子虽然是两种粒子，但它们并不是像西瓜籽一样分散在原子各地，而是一起缩在整个原子的中心，小小一团，被称作**"原子核"**。

原子核在原子中只占极小的体积

原子核有多小呢？以教科书上常见的比喻来说，就像是**一整座足球场中心的一颗樱桃那么小**。而这么小的一个中心，却占了整个原子将近百分之百的质量。这神奇的反差是不是很惊人？

而且从人的角度来看，如果我们把这些原子看成是幼儿园里的小朋友，那么，在元素周期表上的这 118 种元素的原子，就像是 118 个样貌、脾气和个性都不同的小朋友，有的很安静、听话；有的天生喜欢蹦蹦跳跳，静不下来；还有一些则颇有叛逆精神，打打闹闹个不停！那么，是什么原因造成这些原子小朋友在个性上的差异呢？

正是由于质子、电子、中子这 3 个基本粒子的排列组合，造就了 118 种性质相似、相异的原子，而这些原子分别持有的质子、电子数，也恰好正是 1 ～ 118 个，电子数与质子数相等。

只不过，每个原子对于这些先天具备的条件，并不一定满意。就像小孩子们时常不满足于自己所拥有的玩具数量一样。除此之外，还因为电子相当轻，又分布在原子较外围的位置，因此当两个原子相遇时，电子经常会沦为"交易"的筹码。

　　所以如果你得在元素周期表上面挑一个原子当小孩养，那你一定要审慎考虑。因为原子们的个性不同，相遇在一起的时候随时会展开一场电子争夺战！

　　大致来说，像氟、氯这样的原子，天生性格很差，看别人有什么就"眼红"，喜欢"抢走"别人家的电子，于是拥有的电子数目比质子还多，成为**"阴离子"**；还有一些像钠、钾这样的原子，天性慷慨大方，总是把自己的电子贡献出去而变成**"阳离子"**。所以像氯、钠原子相遇的时候，毫无悬念地，钠就会乖乖将电子双手奉上（生成的氯化钠是食盐的主要成分）。

电子争夺战之后，原本的原子就会变成离子

另外还有一些原子，像氦、氖原子，就像是社会上的超级边缘人，仿佛无欲无求，不抢东西也不会把自己的电子拱手送给他人，如此"佛系"的它们若非不得已，根本就不和其他原子进行互动……

察觉到新名词"离子"了吗？没错，人们为了能够识别原子们的电子数目状况，于是决定——

当原子们经过电子争夺战，
导致电子与质子数目不再相等，
我们就不叫它原子，要改称离子！

再细分下去，当它的电子数比质子数多时，我们称之为阴离子；反之，我们称之为阳离子。

碱性离子水，
越喝越健康？

讲到离子，你是否已发觉，即便脱离了学校，似乎对这个词还是有点儿熟悉？这是因为在生活中，你一定经常在电视广告、电器商品，甚至生活日用品中看见离子的存在，仿佛不管什么商品，只要加入"离子"两个字，价格就会水涨船高。

这就好比街头的卤肉饭，一碗 30 元，但如果给它换一个"潮"一点儿的名字，例如：中式布蕾豚肉酱饭佐罗勒……看起来是不是不同凡响！好像是哪个五星级大饭店的招牌菜。

加了"离子"二字的产品比比皆是。其中价格最亲民，也最常见的"离子产品",大概就是"碱性离子水"了。

你一定曾在便利店或超市中看到过这款商品吧？在众多饮用水商品中，碱性离子水看起来总是特别醒目。

到底什么是碱性离子水？
它与一般的水有什么不同呢？

我们先得从"水"讲起。水无所不在，甚至人体有约70%的质量都是由水所贡献的。而**大自然的水体，像山泉水、海水等，本身即含有若干矿物质，这些矿物质本身就是以离子的形式存在**，尤其是阳离子的种类繁多，例如钙离子、镁离子、钾离子、钠离子等，对人体的好处也不尽相同，因此，在营养摄取上，你常常会看到这些家伙。相较之下，矿物质中阴离子的种类就比较少。

然而事实上，大自然的法则会告诉你，阴离子、阳离子必定会同时出现，由于阴离子、阳离子之间存在着静电吸引力，概念上很像磁铁**"同性相斥、异性相吸"**的原理。通过这样的类比，你一定能理解阴离子、阳离子为什么不会单独存在，因此在含有钙离子、镁离子、钾离子、钠离子等阳离子的水中，也一定会有像氯离子一样的阴离子的存在。

　　这也就是说，**一般的矿泉水本身就已经是离子水了**。那么，"碱性"又是怎么弄出来的呢？

　　以目前的技术来说，制作碱性离子水时，多半会经过**"电解"**的程序。电解是一个十分冗长的过程，不过简单来说，电解就是水体通电的一个程序，水体只要经过电解之后，就可以从中获得所谓的"碱性水"。

　　虽说是碱性，不过水体的碱性并不是很强，对于健康的人体来说，并不具太大的影响。商人于是利用大众对酸性体质的错误理解，特意强调"碱性离子水能'中和'你的酸性体质，这种经电解的高科技水，多喝多健康！"并在大做一番文章后，矿泉水就成了你在便利店、各大超市随手可买到的碱性离子水。

　　现在你知道了，**碱性离子水其实就是电解水**。而且不管水是酸性的还是碱性的，在我们把水喝下肚后，它第一关就会遇到胃酸……胃酸可是强酸性的，碱性水本身的弱碱性在强酸面前根本不值得一提，更别提调整体质这种离谱的说辞。

　　在这抽丝剥茧的过程中，如果你渐渐感到商业宣传的荒谬，那么你就能继续前进了！同时你也会发现：

最容易信以为真的"伪科学"，

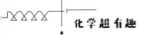

往往来自我们对科学知识的一知半解。

而在我们的日常生活中，经常可见类似碱性离子水这种被夸大、断章取义的商品！

但话又说回来，离子真的一无是处吗？那也未必。接下来我们要说几个与碱性离子水一样，同样是商人宣传制造出来，却让消费者趋之若鹜的商品——"负离子空气净化机"与"负离子吹风机"！

走到哪儿
就百搭到哪儿的负离子

负离子在商品化的过程中算是被彻底滥用了，负离子的走红，完全可以说是拜商业营销所赐。

什么是负离子呢？跟我们刚才提到的阴离子差别又在哪儿呢？虽然从本质上来说，负离子与阴离子原本应指一样的事物，只是翻译上的问题，但若以商品化的初衷，负离子往往被视为**"带有电子的空气"**。虽然这并不是一个科学正确的名词，不过为了接下来讨论方便，我们先按照大多数人的惯性称呼，叫它负离子吧。但别忘了，这里所说的负离子，是"带有电子的空气"。

气球与头发摩擦时，会从头发中获得电子，可吸附头发

为何让空气携带电子就可以卖钱？

这跟一个小游戏有关。你有玩过**"气球摩擦头发"**的游戏吗？因为气球本身材质的缘故，气球与头发摩擦时，可从头发中得到少量电子，形成所谓的**"静电"**。气球在摩擦头发后稍微拿开，不要离头皮太远，你可以看到发丝会微微竖起，仿佛被吸附在气球上。

事实上，气球能吸附的不仅是头发，还可以吸起小碎纸片以及灰尘微粒。同样回过头来看，**"带有电子的空气"**就像**"带有电子的气球"**一样，可以吸附空气中的小灰尘，进而达到净化空气、除尘的效果。不过，无论是空气还是气球上的电子都无法久留，不消几分钟空气和气球就会回到原本不带电的状态。

经过解释之后，你是否觉得负离子并不是什么特别先进的技术？不过，空气不像气球那样可以抓来摩擦头发，那么吹风机要如何吹出充满负离子的空气呢？

很简单，只要在吹风口加装一个所谓的**"负离子产生器"**就可以了（这玩意超便宜，不信去网店看看）！它会通过通电，让电子们在一个金属尖端上集合，当空气通过金属尖端时，会顺手"抓"点儿电子带走。于是带着电子的空气就此启程，接着就像前述的气球例子一样，**把空气中微小的脏污粒子给吸住啦！**

虽然商人口中的负离子不是一个科学的名词，但既然有所谓的负离子，相对来讲，

有"正离子"吗？如果有的话，它们又有什么用呢？

你见过瀑布吗？是不是许多人都会形容，在瀑布旁呼吸时感到空气特别清新？没错！瀑布周围的空气往往比较清新。这不完全是森林里污染少的缘故，而是瀑布下坠的水珠在与空气摩擦时，少量的电子会从水珠短暂转移到空气中，此时不只是空气，**就连小水珠也具有吸附灰尘微粒的功能，而小水珠正是正离子**。所以通过正离子、负离子的帮忙，空气就变得特别干

净清爽！（同样的，大雨过后的空气是不是也很清新？）

如果你还不相信正离子的存在，再拿着气球摩擦头发看看吧！当气球离开头发之后，试试看，找一些小纸片靠近头发，头发是不是一样可以把纸片吸起来呢？这是电子从头发跑到气球的缘故，此时的头发短暂失去了一些电子而带正电，证明了正离子也一样有吸附尘埃的作用。

负离子的特性还不止于"吸附"，若应用得宜，**负离子的另外一个特性——"互斥"，也能成为生财工具**。例如，

瀑布旁的空气之所以特别清新，是因为小水珠吸附了灰尘微粒

近年来极受欢迎的负离子吹风机，常常占据广大消费者抢购家电名单热榜。许多人使用后发现，一般吹风机是使用大量热风吹干头发的，但吹干效果却远不如负离子吹风机那么好，这到底是怎么回事呢？

首先，来谈谈：

为什么吹风机要搭载负离子产生器？

要知道，负离子与负离子之间并不是互相吸引，而是互相排斥的。在负离子被吹送到头发之后，电子跳到头发上面，头发之间便"相看两厌"，不容易纠缠在一起，进而维持发丝之间的秩序，头发便相对干得快。

但这样讲对负离子来说的确是有些过誉，因为要快速吹干头发还得考虑风量、温度等因素，不同机型的参数也不尽相同，或许负离子还不是最关键因素，只是让价格水涨船高的推手之一。

如果要证明负离子的应用缩短了多少时间，最科学的方法，便是将吹风机的负离子产生器移除掉，用一模一样的手法，在一模一样的环境下吹头发。不过对商家来说，这也许是一个相当冒险的实验，要是吹干时间相去不远，负离子可能就此跌落神坛，所以市面上似乎还看不到同款吹风机做出搭载与不搭载负离子产生器的机型，也许就是这个原因吧？

不过，产生负离子的手段还不只有通过摩擦或通电来实现，只要观察琳琅满目的负离子商品，相信不难看到**负离子水壶、负离子床垫、负离子凉被……负离子如此百搭**。但这些日用品可没有藏着一只"皮卡丘"，偷偷帮你放电来聚集电子，其中的奥秘，便是在这些商品的制造过程中，掺入所谓的**"负离子粉"**。

负离子粉其实也不是什么神秘的黑科技，而是掺入了一些具有放射性成分的物质，在之后的章节我们会谈到辐射线，现在你只要知道，这股能量足以让空气里的电子短暂地脱逃，产生正离子、负离子。但这类的负离子产品就不得不小心看待，因为这类辐射线能量较高的产品，如果被设计为长时间穿戴，就必须**当心它是否辐射剂量过高，剂量越高，长久下来对人体造成伤害的风险也就越高**。

说到这里，我想你一定能明白，不管我们用哪种手段制造出所谓的负离子，本质上就只是带有电子的空气。然而，如果你追求的是疗效，目前在医学上还没有明确且一致的证据证明负离子对人体有益处。

因此，在想要购入负离子商品来求个心安的同时，最重要的还是留意产品是否符合安全规范，否则让来路不明的商品伤了身，还赔了荷包里的辛苦钱，这个怄气的心理伤害也许比生理上的伤害还来得显著吧！

例外！唯一不含中子的原子——氢 -1 原子

虽然我们说原子都是由电子、质子、中子所构成，不过在 118 种原子当中，氢 -1 原子是唯一没有中子的原子，而且整个原子只由 1 个质子和 1 个电子构成，非常特别。氢原子中的电子容易被原子幼儿园里个性比较霸道的原子抢劫（像前文提到的氟、氯原子），进而形成带部分正电荷的氢原子。

真是可怜的氢原子啊……

每年一到夏天，因为耗电量大，"能源议题"就会成为众人热烈讨论的话题。本章将为你介绍，在我们的生活中到底有哪些发电的方式，为什么核反应如此特别，它和所有其他的化学反应不同，利用原子核发电的原理是什么，以及我们相当关心的，核废料究竟是怎么处理的？

第 2 章

小小原子核的巨大能量

——从"核反应""核能发电"到"辐射线"

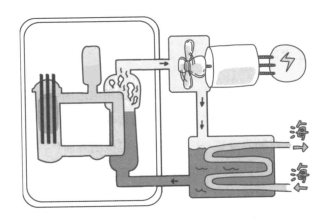

1

所以我说，
那个电要怎么发呢？

在现实生活中，我们可能有一百万种用电的方法，但发电的手段却寥寥无几。这样看来，**难道"发电"是一项相当高深的技术吗？**

其实不然。你有没有见过一种**不使用电池的手电筒**？里头装着金属线圈，只需转动把手，伴随着唰唰的声响，用力猛摇几下，灯泡就随之点亮——这就是发电机的雏形！在转动金属线圈的过程当中，通过所谓的**"电磁感应"**（这是一个能量转换的过程，能够将磁力转换成电力），让灯泡亮起来，这也就是手摇手电筒可以发光的原因。

市面上的手摇发电机

常见的发电机是设计一根向外延伸的转轴，让转轴与线圈连动，只要通过外力转动它，发电机组就能产生电能。

我们不难发现，其实发电最困难、最高深的，并不是制作发电机本身，而是——

我们有哪些方法可以让转轴动起来？

现在，让我们来脑力激荡一下。俗话说"靠自己最好"，既然手电筒都手摇了，那么用人力、物力来转，应该是不错的选择吧？是不是个好选择我们慢点儿再说，但这也许是最日常、最亲切的方法了。骑过共享单车的都知道，车头灯是找不到开关的，这并不是设计者故意让你在黑暗中摸黑前进，而是车头灯能在骑乘时自动被点亮，靠的就是**使用者在骑乘单车的过程中，轮轴不断地转动，以带动发电装置，进而制造电力**。

这样的发电方式乍看之下相当简单，但要应用在日常生活中，就会变得非常没有效率。首先，人类的体力有极限，轮轴不转动就没有电，有人说生命应该浪费在美好的事物上，你一定不会希望为了点亮灯光，把人生大半辈子都拿来踩脚踏板吧？再说，如果你有注意过共享单车的车头灯，就会发现灯光往往在车轮停下来不久便随之熄灭，可见能产生的电力相当有限。也就是说，如果想要单纯地靠踩脚踏板就维持一整个家庭看电视、上网、微波炉加热、洗衣机运转的用电，甚至是工业用电，只能说"想法很丰满，现实很骨感"。而且当你累得半死的同时，大概再也没有心思去上网，唯一的念头，大概只有洗个热水澡睡个大头觉吧。

因此，人们就把念头动到外在的世界，借用**大自然的力量**如何呢？请试着回忆一下，如果你到过高美湿地，或者彰滨海滩，海风之大，是不是经常把你出门前精心整理好的头发吹得乱七八糟？风更大一点儿的话，甚至让你觉得只要在身上绑只风筝，仿佛就可以飞上天。这时，只要朝四周环顾，你就可

借由风力推动转轴，带动发电机组的风力发电机

以看到附近矗立了好几架**白色大风扇**，这就是所谓的**风力发电机**。人们利用这里强大的风力推动转轴，带动发电机组，让自然之力为我们发电。

　　除了以风力带动转轴发电之外，**水力发电**也是用相同的原理。借由"水往低处流"的原理，让水在流动的过程中来带动发电机的扇叶。要完成这项任务，庞大的水流量是不可缺少的，因此水力发电的机电设备跟水库结合在一起也就是件合情合理的事了，例如中国的三峡大坝与美国的胡佛水坝。

　　借由自然的力量发电固然环保，但由于是取之于自然，

通过水往低处流，带动发电机扇叶的水力发电机

便得**"看天吃饭"**。我们虽然能在选址的时候尽量找到相对适合的地点来发电，却难保一年四季风调雨顺，因此即便是水力发电，也可能面临枯水期的窘境。

在全球科技蓬勃发展的大环境下，能源的稳定供给绝对是支撑这一切的基本要素，若要依赖老天爷赏饭吃，总是得担心下一餐还有没有，因此比起自然力发电，人们还是喜欢更加稳定的方式。

话说回来，

台湾地区当下发电的方式是什么，各位不妨猜猜看？

根据台湾大学风险社会与政策研究中心于 2018 年 12 月论

坛当中所示的调查结果，有 44% 的受访民众认为，台湾地区的发电主力是"核能"，然而事实上，在相关部门的"能源统计月报"可以发现，核能于近 5 年的发电结构中只占 10%，靠燃烧煤炭或天然气的火力发电才是主流，占了约 80%。即便放眼世界，**火力发电依旧是支撑现今电力网络的栋梁**。

既然如此，为什么我们要这么在意核能发电？这个**"核"**指的是什么？

水力发电真的环保吗？

随着时间流逝，人们渐渐察觉到水力发电并不是那么环保。水坝设立后所带来的水位上升，不仅摧毁了动物原有的栖息地，也让水库底部呈现缺氧的情况。在此环境下，动植物死亡并分解后，将会产生大量的甲烷，而甲烷正是被视为加剧全球变暖的罪魁祸首之一。

所以并不是天然的就是最好啊……

一枝独秀的核反应

　　还记得我们在第 1 章提到的原子结构吗？那时，我们说质子和中子位居原子的中心，质量相当重，几乎是整个原子的质量，又称作原子核，而电子则在原子核周遭的特定区域自由活动。

　　因此，我们除了说"原子是由电子、质子与中子所构成的"，也可以说**"原子是由原子核与电子所构成的"**。所以，如果有人问你：

核反应中的"核"到底是指什么呢？
答案当然就是"原子核"。

那么，核能发电又是怎么一回事？

按照之前的说法，世界万物都是由原子所构成的，既然原子核到处都是，是不是我们身体里的原子核也正在核能发电？那弄不好，人也可能会……天啊！

但先别太担心，想要了解这些，我们先从"核反应"聊起吧！

很多灾难片或以核能潜艇为背景的电影里，经常会出现**"核反应"**这个名词。事实上，这不仅是一个化学名词，也代表人类对科学的认识与发展达到了一个新的里程碑，对物质的变化有更深一层的理解。

两百年前，人类将世界上的变化，基本区分为两种：一种是**"物理反应"**，另一种则是**"化学反应"**。人们区分这两者的方式相当主观。当一件事物经过变化后，没有新的物质产生，属于物理反应，例如水结成冰、把冰块做成绵绵冰；反过来说，如果变化之后有新物质产生，则被归类在化学反应中，例如燃烧（产生烟或灰烬）啦，食物发臭发酸（产生不悦的气味）啦，铁钉生锈（产生铁锈）啦，等等。两百年前的人们，对于世间变化的观点就是这么简单。

但核反应却横空出世，跳脱了这两大分类的框架。也因为它如此特别且不易被察觉，直到近一百年间才被科学家所发现。那么，到底是什么**特点**让它如此与众不同呢？

如前所述，原子是构成万物的基本要素。构成不同物质的原子种类、数目也有所不同。而化学反应之所以可以产生新物质，是因为在化学反应的过程中，原子会重新排列组合，就像乐高积木一样，一开始有可能是架直升机，但经过打散重组，就变成了小汽车。

以前的科学家们认为，原子是没有办法被创造或被毁灭的，但在核反应过程中，**科学家利用小粒子（譬如中子或氦的原子核）加速射向其他原子核（不过不同的目标原子核，反应模式**

核反应的反应模式之一——核分裂

也不尽相同），有时候，小粒子会与原子核**融合**在一起，有时候反而可能把原子核里面少部分的质子、中子给**撞出来**！这两种模式都会导致原子核内的质子数目有所改变。

我们在前面曾经提到，每一种原子都具备独有的质子数目，也就是说，如果质子数目发生改变，就等于变化成不同的原子。更进一步说，当质子的数目改变，原本的原子就会被消灭，新的原子则被制造出来，在这消灭与制造的过程中，时常伴随着**辐射线**的产生。这种变化即便最后生成新的物质，但也同时伴随着原子的毁灭，所以无法归属在物理或化学反应的范畴，而是仿佛一枝独秀般的存在。

3

核能发电的本质就是烧开水

除了反应模式很特别以外，核反应的另一个特征，就是**能瞬间释放令人闻之丧胆的巨大能量！**

读过历史的人都知道，第二次世界大战末期，原子弹的研发成功和惊人的威力，加快了战争终结的速度。这是因为作为燃料的铀原子核在受到中子撞击后，会喷出 3 个中子，这 3 个中子又分别撞击其他 3 个铀原子核，如此反复、不断循环，连锁反应不停地传递，所制造出来的撞击不仅迅速，其威力更是社会新闻中看到的燃气爆炸完全不可匹敌的。

回归发电的主题，

我们究竟该如何利用这股巨大的能量来发电呢？

核反应的能量是不可能直接转换成电力的，所以科学家先将这股能量用来做一件日常生活中每天都在发生、再平常不过的事情——**烧开水**。他们**先用核反应所产生的热，将水蒸发变成水蒸气，再让水蒸气通过涡轮，带动发电机的转轴，于是产生了电。**

尽管原子弹的威力如此强大，但其实你不用担心如果哪天核电厂突然爆炸，会轰的一下铲平方圆 1 千米内的建筑，因为**核能发电并不是拿原子弹作为燃料的**。根据国际原子能

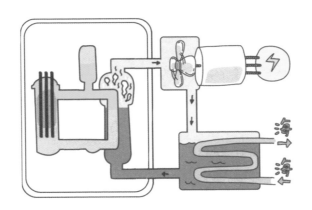

核能发电的原理

协会的说明，要作为杀伤性武器，原子弹里的核燃料必须要有 90% 以上的有效成分，但核能发电仅需要 3% 就够了。所以说史上最严重的几个核灾都和核爆扯不上半点儿关系，但并不代表核能发电没有隐忧。

2011 年 3 月 11 日，日本发生大地震，严重的地震间接导致**福岛核电厂冷却机组失灵，大量辐射性物质外泄**，在"国际核事件分级表"中，此事件被评为最严重的核灾（1 到 7 级当中，被评为第 7 级）。严重超标的辐射指数，影响着人体健康与环境。福岛电厂周遭的辐射指数至今仍非常高，而震灾后虽然日本政府多年"除污"，但并没有真正消除辐射污染。事故发生后，外泄的放射性物质，随着风吹往海边与内陆，经过降水，扩散并沉积在城市、乡村、山林、原野的土壤中，形成了扩散性的污染。

而核能电厂除了有外泄的隐忧之外，另一个时常被拿出来争论不休的议题，就是**核废料**。为什么核废料会这么具有争议性呢？既然称为废料，不就像是喝完饮料后的空罐一样，只要回收处理就好了吗？

不不不，情况没有这么简单。别忘了，刚刚提到，在核反应的过程中，会伴随产生辐射线，但即使核反应结束了，留存下来的东西，无论是没有反应完全的原料，还是经历核反应后生成的新原子，大多都不太稳定。即便没有中子撞击，但仍有可能会自行分裂，产生新的原子，在科学上称这种情况为**"衰变"**。

衰变的过程，往往也会伴随着产生更多辐射，这些辐射经常对环境、人体造成不良的影响，像癌症或畸胎的发生率提高，等等，这就是核废料的处理令人头疼的原因。

"一万年"
也处理不完的核废料

以前追女生的时候，男生总是说一些老派、令人感到熟悉又难以相信的绵绵情话，例如"爱你一万年"啊，"海枯石烂"啊，"天荒地老"啊！听久了总令人觉得哪里怪怪的。但身为一位化学人，我想**真正的"金句"应该是："我对你的爱，就像核废料的隔绝年限，它隔绝多久，我就爱你多久！"**

核废料一般分为两类，分别是**高阶核废料与低阶核废料**。高阶核废料是指核电厂使用完毕的燃料棒，处理它时必须对它先进行 3～5 年的降温，然后将其移到地表隔绝之处，至少存放 40 年，最后必须使其隔离人类的生活圈（一般是深埋地底）

大约 20 万年。20 万年是怎样的概念？是不是遥远到超过你我的想象？但这也正说明了处理核废料的过程有多么漫长。

　　至于低阶核废料，指的是像医院或核电厂等受到辐射污染的防护用具、设备。通常集中处理后会将其**焚烧、压缩、固化**，然后放入贮存桶内，最后送往贮存场静置。但这些低阶核废料不用深埋地下 20 万年，只要经过数百年时间，其辐射量就可以降到安全范围内，但即便是低阶核废料，其所

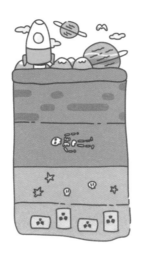

高阶核废料须隔绝地表最长达 20 万年

需的数百年的存放时间也早已超越人类对时间轴的理解，足以让人头疼至极。

除了阻绝核废料的辐射外泄是一大难题，到底要把这些东西放到哪里去"凉"个 20 万年，更是令人伤透脑筋。

化学
小教室

等到天荒地老的半衰期

"半衰期"是在核能科学里非常非常常见的名词，新闻里也时常提到。由于不同原子核衰变的速率不一样，为了能进行客观的描述，一般都是以半衰期作为衡量标准，意思就是"物质浓度下降到原有浓度一半时所需要的时间"。

以原子弹的主角"铀–235"来说，半衰期长达 7 亿年。也就是说，得经过 7 亿年这么漫长的时间，铀–235 的含量才衰变一半。但别忘了还有下个一半、下下个一半……

真的是无止境的等待……

低钠盐的辐射
会让人变成生化战士吗？

辐射到底有多么可怕呢？媒体经常把辐射的危险夸张渲染，弄得人心惶惶。但其实在我们的生活中，辐射无所不在（像太阳光、环境中的宇宙射线），但只要保持在安全的辐射暴露量范围内，其实并不需要过于担心。关于辐射，请记得一个观念：

没有最安全的物质，只有最安全的剂量。

2020 年 5 月，一则令人震惊的新闻被爆出：**低钠健康盐其实是辐射盐！**这立刻勾起了民众心中长期被食品安全风暴笼罩的恐惧，许多人立刻向商家要求退货。**但低钠盐真的有那么恐怖吗？**

要想正确地理解这则新闻，我们必须厘清一个最关键的问题：**低钠盐是不是真的有超量的辐射？**

首先，低钠盐绝对有辐射线，而且我还可以告诉你，这辐射的来源，就是**"钾 –40"**。到底谁是钾 –40 呢？钾不就是钾嘛，后面的数字是怎么回事？要回答这个问题，我们先回一趟原子幼儿园，靠着质子名牌来辨认一下这位钾 –40 究竟是哪位小朋友。

前面说过，质子的数目决定了这个原子该叫什么名字。但科学家也发现，原来同一种元素的原子不一定都长得一模一样，竟然跟人一样，也有胖子与瘦子的差别。

于是问题来了。请先想象一下，一个幼儿班上，有 3 个"陈怡君"小朋友都背对着你。

现在，在不能靠近她们的前提下，
你该用什么方法，让你想找的那位陈怡君转过头来？

来看看科学家可能会怎么做吧！虽然这样说不免有点儿刻板的印象，但是从某个角度来说，科学家多半做事非常直接，所以你也别把方法想得太困难。科学家们在这件事情上采取的分辨办法是，在喊了陈怡君的名字之后，为了不让她们3人一起转过头来，紧接着又补了一句:"20公斤的那个！"虽然十分直白，但不得不说，这确实不失为一个好办法。

于是，科学家在称呼原子的时候，也用了相同的方式，以我们这次的主角"钾"为例子，**钾–40代表这个钾的质子、中子数目总和有40个**。如同我们前面提到的，光是质子和中子几乎就代表整个原子的质量，所以我们也时常以这两个粒子的数

质子数相同，但中子数不同的钾兄弟们

目总和作为质量的代表。除了钾 -40，它还有其他兄弟，譬如**轻一点儿的"钾 - 39"和最胖的"钾 -41"**。

而钾的"体重"，不仅表示它的质量，其实还隐藏着**其他秘密**。

不知道你有没有发现，钾 -39、钾 -40、钾 -41 因为都叫作钾，所以质子数一定都相同，唯一不同的只可能是**中子的个数**！可别小看中子数对于原子的影响，正是因为这种看似微小的差异，所以钾 -40 才会带有辐射，而与其他兄弟们不同（顺带一提，"铀 -235"的胖胖兄弟"铀 -238"是没有办法作为原子弹燃料的）。

等等，如果低钠盐含有带辐射的钾 -40，那应该立刻把厨房的低钠盐统统丢掉吗？

其实不用太担心啦。还记得上面讲过"没有最安全的物质，只有最安全的剂量"吗？虽然在食用低钠盐的时候，你会同时把钾 -39、钾 -40、钾 -41 三兄弟全吃下肚，不过你得知道一件事情，这些钾兄弟在大自然中的成分比例差距很大，以低钠盐为例，钾 -39、钾 -41 这两个不含辐射、很安全的成分，就占了将近百分之百，真正带有辐射的钾 -40

仅有 0.015%，它的剂量之低，如果不靠新闻出来刷刷存在感，恐怕还真没有人注意到低钠盐里有它的存在……

如果这样说还不足以安心，那我就将事实真相告诉你，香蕉、番薯、地瓜叶这一类食材，都富含钾，意思就是，其实你一天到晚都在摄取钾 -40，但因为摄取**剂量非常低**，简直可以忽略不计，更不用提钾还会被人体代谢掉，不会长存于人体内。

相关部门也指出，即使人连续吃一年市面上含辐射量最高的低钠盐，所承受的辐射剂量，也仅相当于搭飞机往返台北和纽约的宇宙辐射而已。所以，我们实在不需要因为报道得天花乱坠的新闻而过度恐慌啊！

我们从发电讲到辐射，或许不难发现这些科学原理都在你没注意到的时候悄悄丰富了我们的生活。为了满足人类日益膨胀的科技发展需求，我们不断地提升电力供给，虽说火力发电绝对是功不可没，但作为一把双面刃，燃烧煤炭造成的空气污染问题也值得我们警惕，即便是核能发电，也有辐射污染的问题。因此，各国都在思考如何在维系产能的前提下，逐步提高环保能源的比例。

就把这个难题交给科学家吧！作为日常用电者的我们，不一定能想出很厉害的发电点子，但**你我却都一定具备了省电**

的"**魔法**"，当大家一起施展时，无形中省下来的电量，就能抵过好几座发电厂的产能。虽说"团结力量大"讲起来有些老生常谈，但从落实节电的角度来看，实在是太值得肯定了。

面对同样一块格子布料，有人认为就只是布料，有人认为像棋盘，也有人认为像绿豆糕。其实在日常生活中，我们对"浓度"的体验也是一样，总是见仁见智，凭一种感觉。但如果今天是进行科学上的讨论，就必须通过客观的数字来表达浓度，不能只依赖味觉、视觉、嗅觉、触觉这种主观的感受。

第 3 章

你的半糖不是她的半糖

——揭开"浓度"的秘密

浓度数字化，
评断更客观

"好热哦！"夏日炎炎，各式各样的手摇饮料店林立，于是"饮料雷达"开启——前方 500 米发现目标！你走到可爱的店员面前，点了一杯多多绿。

"冰块？甜度呢？"她问。

"呃……冰块 5 颗……糖的话，就一点点，啊！不然跟你一样甜好了，呵呵。"

眼见店员的表情难看，事态不对，于是你赶紧解释："开玩笑的啦，半糖少冰，谢谢！"

很多游客来到台湾地区，都觉得手摇饮料店超级厉害，居然还有甜度和冰块量表，可以定制各种甜度与冰块量，避免客人描述半天拿到一杯喝不下口的饮料。

但即便如此，也有可能当你喝上一口多多绿时，仍不禁眉头一皱，喊出一声"味道不对呀"！没错，即便都是多多绿，但不同店家设定的"半糖少冰"也有甜度或浓淡上的差异，喝起来的感觉当然也截然不同。

这就是我们在依赖感觉进行度量时，经常会出现的问题。**虽然说"感觉"很重要，但"感觉"是个很不可靠的东西，**因为每个人都有不同的生活经验，即使面对相同的事物，也会有不同的感受。

因此，把浓度"数字化"，对我们的生活来说非常重要。有多重要呢？在平日生活中，有好多好多例子可以凸显"数字化"对我们的重要性。例如，几乎家家必备的漂白水，通过适当稀释后，可以成为生活中便利的杀菌剂，但到底要加多少水来稀释，就必须仰赖浓度"数字化"的**精确性**。因为漂白水本身是相当强力的氧化剂，如果稀释不足，对人或动物会造成伤害，但如果稀释过度，又可能失去消毒杀菌的功用。

农夫施肥时，也得依循规定好的剂量与水量来操作，如果调配过浓，作物不但无法顺利吸收养分，甚至有可能枯萎。

你发现了吗？以上这些例子通通无法依赖**"我认为""我觉得""看起来"**来实现，而必须通过数学计算与实际测量来进行，这也说明了浓度"数字化"的重要性。

在我们更深入了解浓度的定义之前，我想先请你设身处地想一下，倘若晚餐桌上有两碗汤，一碗齁咸齁咸的，而另外一碗清清淡淡到简直就跟白开水一样，如果让你描述这两碗汤的咸度，你会如何措辞呢？

对于那碗齁咸的汤，你可能会说"加太多盐"或者"水放太少"；而对清淡如白开水的那碗，你可能会说"盐放得太少了"或者"水加太多，所以没味道"。

注意哦！这4个回答都具有浓度的概念，而描述浓度的精髓，便是能同时描述盐和水之间的**比例**。因为一碗汤的咸淡味道，不只是因为盐多盐少，还得看在炖煮时放了多少水进去。

这感觉就像分期付款买手机一样。一部两三万块的手机，当你分12期付款的时候，虽然花钱总量一样多，但被时间"稀释"后，每个月只要缴个一两千元，付钱的痛苦就被淡化了，听不见钱从钱包里流出去的声音。但相反地，如果你选择一次性付清，看着一大沓钞票从钱包里消失，那种"痛感"可是非常"掏心挖肺"，甚至会有痛不欲生的感觉。退一步回到浓度来看，盐就像手机的价格，水分就像时间，即便最终结果是吃下相同的盐量，然而整碗汤的浓淡，仍旧取决于被稀释的程度。

一般啤酒的酒精浓度约为 5 度，
也就是 100 毫升的啤酒里有 5 毫升的酒精

因此，**如果想比较两碗汤里的盐分浓度高低，我们不能单单比较盐的多寡，必须以相同体积，或者相同质量为基准，再比较汤里到底含有多少盐**。例如同样是 100 毫升的汤里面，左碗盐含量为 1 克，右碗盐含量有 2 克……在这种叙述下，我们就可以客观判定右碗的盐含量较高，味道也比较咸。

浓度"数字化"影响生活的例子还有很多，像是成年人在三五个好友聚会的场合，不免要小酌几杯。多数人觉得啤酒是亲民的饮品，而对烈酒则敬谢不敏，这正是由于酒精浓度在作祟。要如何判断酒精浓度多寡呢？稍微观察一下酒瓶，你可以在瓶身上发现"酒精浓度"的标示，而且通常在这个标示底下，可以看到一个清楚的浓度单位——**"度"**。

"度"是什么意思呢？

"度"就是指"每 100 毫升酒中含酒精之毫升数"，也称作"体积百分浓度"。有时候，你会看到它被写作"%"。举例来说，5 度（5%）的酒代表"100 毫升的酒里面，含有 5 毫升的酒精"。所以度数越高的酒类，酒精浓度也越高，喝起来更容易醉。

通常啤酒的酒精浓度大约是 5 度，而我们普遍认定的烈酒——高粱酒大约是 58 度。这就是浓度"数字化"后所带来的准确性。因为数字是客观的，只要标示为 5 度的啤酒，无论是哪一家品牌制造，酒精浓度都是一样的。这也就是说，不可能发生你喝某一家卖的啤酒千杯不醉，但喝其他家的啤酒一杯就倒。

一个浓度，各自表述

　　浓度的表达方式不止一种，以酒类为例，国外有些品牌甚至会使用少见的**"质量百分浓度"**标示，也就是**"每100克酒类中所含酒精之克数"**。在日常生活中，多数家庭都有标有容量的杯子，却很少准备称重的电子秤，而且，体积是可以被视觉化的，很容易让人们判读，所以通常我们会挑选一个最适当也最容易理解的方式来表达酒类浓度。

　　不过话说回来，体积百分浓度的计算方式在其他领域未必这么好用，毕竟不是所有被溶解的物质都是液体，如果是先前我们提过的汤中的盐量，因为食盐是固体粉末，测量体积就不那么方便了，在这种场合反而是以"质量"为依据可靠许多。

另外，**不同种类的液体混在一起时，体积不一定会有"加成性"**，例如，1毫升的水和1毫升的酒精混在一起后，体积就是2毫升吗？不！其实比2毫升还要小！

所以体积百分浓度只适用于少数几个领域，例如标示酒类的浓度。其他你可能比较少注意到，像**生理食盐水所使用的浓度单位也是与众不同的，**通常会使用每100毫升食盐水所含有的食盐克数。由此可知，浓度的表达并不限于一个死板的单位，而是由使用者根据当下表达溶液里物质比例的最佳方式来确定。

以"质量百分浓度"标示的生理食盐水

然而，每当新闻报道蔬菜水果的农药超标，或是哪个地方土壤重金属过量的时候，那些检测报告里所标示的浓度单位，与上述的"度"或"%"截然不同。仔细一看就会发现，通常这些检验报告使用的单位是**"PPM（Parts Per Million，百万分率）"**，有的时候还可能出现**"PPB（Parts Per Billion，十亿分比率）"**，这些又是什么呢？

如同刚才提到的，每一种单位都有它适用的时机。由于农药、重金属可能会对人体造成永久性的伤害，因此监管部门对于其残留量的要求相当严格，允许的浓度相当低。而在这么低的浓度下，如果液体没有颜色直接摆在人的眼前，还真的跟白开水没有两样（这也就是为什么很多有害物质常常在神不知鬼不觉的情况下被吃进肚），必须靠精密仪器才能检测出其中是否含有害物质。从结论往前推，我们可以确知：

PPM、PPB 都是用来描述"极少量"的浓度单位。

是的，PPM 是一串英文单词的缩写，全称叫作 Parts Per Million，也就是**"百万分率"**的意思，**每 1ppm 即代表一百万分之一**（PPM 与 ppm 是相同的意思，但作为单位表示时，应以英文小写表示。）。虽说 PPM 乍看下只是一个数字单位，没有特别指质量或者体积比，但一般来说，在不特别注明的场合下，都是指质量比。

举例来说，如果哪家饮料店地茶叶被检验出含有50ppm的某农药，就代表在每1000000克的茶叶里面，有50克的农药。

不过在大气科学里，气体是那样轻盈，想对气体进行称重绝对是吃力不讨好的。这个时候"体积比"就显得方便许多。例如，今天二氧化碳的浓度是400ppm，就代表每1000000毫升的空气，就含有400毫升的二氧化碳，有的时候你甚至可以看到他们用"ppmv（Parts Per Million By Volume，百万分体积比）"来表达，那个"v"就是"体积"的意思。

茶叶的农药残留量或二氧化碳含量，都是用"极少量"的浓度单位来标示

PPM 的理解是不是有些复杂? 没关系, 你可以将它视为与我们熟悉的百分率"%"类似的单位, 这两者都是"几分之一"的概念, 差别在于"%"代表"百分之一", 而 ppm 则是"百万分之一"。因此这两个单位可以相互换算, 1% 相当于 10000ppm。不过要留意: **如果一开始表达的是质量比, 换算之后也依然是质量比而不是体积比哦**!

化学
小教室

1+1 不一定等于 2

1 克的水加上 1 克的酒精混合后, 毫无疑问一定是 2 克, 但是 1 毫升的水加上 1 毫升的酒精, 却小于 2 毫升, 这是由于水与酒精相遇之后产生了更强的吸引力。相对地, 有些分子之间混合后会相互排斥, 混合后总体积反而增加, 像苯与醋酸混合。在科学上, 我们常会以液体不具"体积加成性"来描述混合后总体积与原体积不相等的情况。

那爱情具有加成性吗?

3

肉眼的阅读限制，
创造出不同的浓度单位

那么，为什么我们既然已经有了百分率，还要大费周章地发明一个 PPM 呢？这一切其实源自人类的肉眼在数字阅读上的限制。

来做一个小实验吧！

**下页提供几组数字，
请在看过后的 2 秒钟内，
答出每列数字有几个零。**

这个小实验并不是要训练你眼力有多好，而是希望让你

感觉到，对于大多数人来说，要想在极短的时间去判读多位数的数字，是一件很困难的事情。以人类的习惯来说，我们比较习惯阅读 1 ~ 1000，或小数点以后最多 3 位数的数字（例如 0.123），超过这些数字，人在第一时间的辨读就会有困难，也容易犯错。

因此 PPM 便应运而生。只要事先记得 PPM 是百万分之一，你就不用每一次都数小数点位数数到视力模糊了。例如，0.000006 就等同 6ppm，无论书写与表达都很易懂又简洁。

　　如果你觉得 PPM 还不够小，别担心，既然有阅读和辨识的需求，就一定会有人想办法解决。我们还有 PPB，表示**"十亿分率"**。还想要更小的标示吗？还有一个更更更小的单位——PPT（Part Per Trillion，兆分率）。

　　从一开始到现在，相信单位已经多到让人眼花缭乱，但我们还是要不断强调，使用单位的时候，并没有强制一定要用哪一个，只要记得这些单位都是为了阅读方便而创造的。**只要方便阅读与理解，就是适合使用的单位。**

4

"零检出"
只是个美丽的神话

话说回来，PPM 与 PPB 这么稀薄的浓度，到底是怎么被检测出来的？这就依赖今日的高科技了。在实验室里，许多精密的仪器可以协助人们确认不同物质的浓度。但你有没有发现，在日常生活中，许多食品业者经常委托第三方认证的实验室进行农药或重金属残留的相关检测。这些厂商的食品，经常以"未检出"作为对消费者饮食安全的保证。

为了争论瘦肉精残留量的检验标准，我们会看到另外一种叫作**"零检出"**的词汇。

零检出与未检出，看起来好像是相同的意思，但为什么会有两种截然不同的称呼呢？难道其实两者并不一样？它们的差别又在哪里呢？

在回答这些问题之前，首先必须先定义什么叫作"检出"。

有"检出"，难道还有"检不出"吗？

是的。虽然科技日新月异，"第三方认证实验室"这样的头衔听起来很有公信力，但科技再好也是有极限的，检测仪器再给力，也有力所不能及的时候。只要被检测物质低于某一浓度，仪器就没办法准确判定是否真的含有此物质。

我们可以假想这些**检测仪器就像个机器人，而且是一个视力优于常人的机器人，可以代替我们看到许多渺小世界的事物，但毕竟只要是观察，就一定会有极限**，这就像是人的眼睛一样，视力再怎么好的人都没有办法看到细菌，这些"机器人"顶多是代替你看到更微小的事物，一旦物质的浓度低到一个门槛，还是只能依赖分辨率更好的"机器人"去检测它们，直到物质小到不能再小，我们就完全侦测不到。

所以如果你有机会看到食品业者所展示的检测报告，就会发现在每一个检测项目里面，都一定会附加**"方法检测极限"**。这表示该项物质可以被检出的最低浓度，如果不加上这项信息，就算是所有项目都未检出，也不是一份让人信服的检测报告。

因此，假使一项检测报告的方法检测极限是 2ppm，当报告结果表示"未检出"时，意思不是完全没有该物质，而**只能说这个物质浓度可能低于 2ppm**。要是我们再次拿人的肉眼比喻，就好像是虽然你看不见细菌，但我们无法确知细菌是否存在。

因此，在任何仪器都有检测极限的情况下，不可能有任何一家检测机构敢提供零检出的服务。换言之，这个世界上没有任何一台仪器可以保证"检测样品中完全不含有某项物质"。

任何仪器都有检测的极限

不过，随着科技的进步，或许我们能够将检测的极限越降越低。但行文至此，我们可以稍微讨论一下，已经可以将检测做到如此精密的人类，**继续一味地追求零检出，真的有其必要性吗**？

在其他领域我们不敢肯定，但就食品安全的角度来说，时至今日，我们都已经得知许多物质有其安全的摄入标准，这也呼应了我们所说的"没有最安全的物质，只有最安全的剂量"。许多物质只要每日摄取不过量，对人体就不至于产生影响。因此，虽说检测的极限能够越来越低，人们可以观察到更微小的浓度，但就算如此，人体的耐受度也不会因此而有所增减。

虽说眼不见为净，但若危害物的浓度越低，消费者就一定能更安心，但是如果顺从消费者的需求、无限上纲地追求零检出，这代表不但执法者给予消费者不正确的浓度观念，而且在追求过程中所消耗的时间、人力、物力等都是潜在的社会成本。

再说，由于零检出是不可能的任务，追到了一个里程碑，还有下一个，还有下下一个……最终只会形成一个恶性循环，不会有结束的一天。因此，无论是农药残留还是重金属含量的检测，与其一味地追求零检出，不如保证含量在安全剂量内，并要求消费者在烹煮、食用前适当清洁食物相对实际得多。

从多多绿的半糖少冰、汤的咸淡、酒精含量到食品安全检测报告中的物质含量，我们讲了好多与浓度有关的概念。其实在你我的生活中，浓度无所不在，只是我们太习惯于它的存在而没有自觉。

事实上，浓度的高低不只对人类的味觉造成影响，还有许多有趣的生活现象，都与浓度有关，譬如，你听过"等渗透压饮料"吗？为什么会越喝海水越渴呢？下一章，我们将揭开更多偷偷躲藏在你身边的那些化学秘密！

安全剂量的重要性

安全剂量有多重要？虽然我们总说"柔情似水"，但"水能载舟亦能覆舟"，维持生命不可或缺的水分，看似安全无毒，但在短时间内摄取过量水分，利尿不及，可能会造成血液中的钠离子浓度下降，进而造成头晕、呕吐，重症者甚至有死亡的风险，这种现象被称为"水中毒"。这也是医生并不建议民众毫无节制地喝水的原因。

没事多喝水，但喝太多水可能有事

我有一个凡事爱唠叨的妈妈，她因为太关心我的健康，所以显得很唠叨，只要一看到网络健康文章、听到电视里营养师的建议，就会对我耳提面命："多吃蔬菜！""不要一天到晚在计算机前面坐着，起来走动走动！""不许再买饮料了，渴了就喝水，喝水最健康，懂不懂？"其实她没说错，水占了人体60%～70%的质量，不仅帮助身体新陈代谢，还有调节体温等各种好处，尤其是人体的血液中九成都是水分，水喝得太少，健康就会出问题。本章就来谈谈跟"水"有关的事。

第 4 章

水分子的渗透任务

——关于"半透膜"与"渗透压"

1

半透膜
是一道 VIP 管制门

　　水这种东西非常有意思，虽然地球上71%的面积都是水，但对许多国家而言，却有着水资源匮乏的困扰。为什么会这样呢？只要稍有地球科学知识的人都知道：尽管地球有这么大片的水，但其中**97%是海水**。更残酷的是，仅剩**3%的淡水**，绝大部分却都储存在难以利用的冰山和地底深处，**只有0.03%的淡水储存在地表的河流与湖泊**。

　　海水又咸又苦，不经过特殊淡化处理，人是没有办法饮用海水解渴的。许多船难幸存者劫后余生，回忆在茫茫大海上等待救援的过程时，总会提起海水无法饮用的惨状。但是

地表虽然 71% 是水，
但其中 97% 是海水，只有 3% 的淡水

为什么人不能饮用海水，还越喝越渴呢？

这必须先从海水的成分说起。夏日炎炎，相信大家或多或少都曾去过海边戏水，也难免有尝到海水的经验。海水的味道实在不太美妙，咸咸苦苦，这是因为海水中溶有相当多的**"氯化钠""氯化镁"**。

乍听氯化钠，还以为它是什么特殊的化学成分，其实，这东西在每个家庭中极为常见，它就是烧菜炖汤时，添加在食物中、增添滋味的**食盐的主要成分**。海水里充满了氯化钠，味道自然就咸了。而海水苦味的主要来源，则是另外一种成分——氯化镁。

　　除此以外，海水中还含有很多很多的矿物质。也就是说，相较于淡水，海水里溶入了不少东西——统称为**"盐分"**的物质。海水中盐分的浓度比起一般饮用水高出许多，大约为3.5%，乍听起来不怎么多，然而，如此浓度的海水对人体来说已经含盐量过高，不但不能补充水分，饮用后，反而很容易导致人体脱水，就像在蛞蝓身上撒盐，导致蛞蝓缩水变小一样。

　　为什么盐分浓度过高的海水，会导致人体脱水呢？这就得先从人体补充水分的方式开始说起。

　　回忆一下，当你渴的时候，拿起一瓶水往嘴里灌，水咕噜咕噜地从嘴巴、喉咙、食道、胃一路向下，最后来到了肠道。从人体生物学的角度来说，那些入口的水分，主要在肠道被吸收。而关键就在这里了！人的肠道之所以能够吸收水分，不是因为它长得像海绵一样有很多细小的孔洞去储存水分，而是通过所谓"扩散作用"，将水吸收起来。

　　人体之所以能够采用扩散作用吸收、储存水分或养分，主要与组成人体的最小单位——**细胞**有关。细胞虽小，但组成却不简单。它以细胞核为核心，外侧充塞了许多细胞质，像是核糖体、线粒体，等等，最后再由最外层的细胞膜所包覆。**细胞膜的存在，保护了细胞的完整性。**

只允许特定分子进出的半透膜

　　但对细胞来说，细胞膜可不像塑料袋一样密封包覆细胞。比起阻绝一切，它更像一道特殊的闸门。你可以想象，如果细胞是一间限定 VIP（Very Important Person，贵宾）会员进入的超高级俱乐部，**细胞膜就是俱乐部的大门，它只允许持有 VIP 会员的特定分子进出细胞，而水分子就是 VIP 会员之一**，其他物质像盐、糖或是一些比较大型的分子，通通被拒之于细胞的大门外。

　　这种只能容许部分分子通过，不是完全隔绝的机制，**科学语汇上称为"半透膜"**。但正是因为这种特殊的半透膜机制，让我们发现了一个很特殊的现象：当不同浓度的水溶液被半透膜分隔开时，水分居然会从低浓度向高浓度方向移动，直至达到一定程度后，才会停止。

2

半透膜的
生活小实验

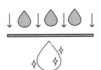

　　要怎么观察半透膜的神奇作用呢？有一个很生活化的例子可以完美地说明这个变化。

　　许多中医、食疗方法或生活智慧中都提到，当**人干咳不止时，可以饮用白萝卜蜂蜜水，以减轻咳嗽。**

　　做法很简单，只要将生的白萝卜切成小块放进碗里，再倒入纯蜂蜜淹过白萝卜，然后把装着萝卜和蜂蜜的碗盖好，丢进冰箱里等上半天到一天后再取出，神奇的事情就发生了！你会发现，碗里的白萝卜居然脱了水，变得皱皱小小的，而萝卜外的蜂蜜却不像先前那样浓稠，而是稀稀的、水水的，混合了萝卜水，喝起来甘甜甘甜的，还带着一股白萝卜的气味。

萝卜之所以能释出水分，主要原因就是半透膜机制。

别忘了，纯蜂蜜是相当浓稠的，而白萝卜里充满水分，它的浓度没蜂蜜那么高，于是在半透膜机制的作用下，萝卜拼命地释出它丰富的水分，蜂蜜水就这么做成了。

同样运用此原理制作的食品，还有我们常吃的**泡菜**。泡菜在制作中除了要添加蔬菜、辣椒、辛香料等食材之外，还要添加为了延长泡菜的保存期限所必需的盐。制作泡菜的过程中，人们为了将蔬菜中的水分给彻底逼出来，会撒下大量盐。等新鲜蔬菜排掉多余水分之后，才裹上鱼露、辣椒粉等混合而成的腌料，如此一来，蔬菜才能彻底吸收腌料的味道，在低温中慢慢发酵。

当你明白了上述的两个例子，就很容易理解人喝下海水后会发生怎样的变化了！此时，盐分浓度很高的海水，就像是蜂蜜，而人体的细胞就像是可怜的白萝卜，一碰上海水，在半透膜机制的作用下，身体细胞内储存的水分就被释放出来，混入海水之中，而人也就陷入脱水状态了。

但反过来讲，当我们饮用淡水时，因为淡水的浓度比体液还要低，这时水分往细胞内移动，补充了人体流失的水分，解除了口干舌燥的状态。

除了萝卜蜂蜜水的实验以外，如果你有机会能去传统市场购物，可以买猪小肠的肠衣回家做一个进阶的实验：

1.剪下 3 小段肠衣，每段大约 1 根拇指长，把一端绑紧。

2.准备 1 杯稀糖水。

3.将稀糖水倒入 3 个肠衣中，充饱，让它胀成小小的糖水袋，最后再将肠衣另一端绑死。

透过浸在不同溶液里的肠衣袋，观察不同浓度所导致的胀缩变化

4.将 3 个胖胖饱饱的糖水袋，分别浸入浓糖水、清水及刚刚用剩的稀糖水中，放置半小时后再回来观察。

5.检验浓糖水组、清水组和稀糖水组的变化。

回忆一下先前我们讲述的半透膜机制：**水分会从低浓度往高浓度流动。**肠衣里面的稀糖水就像是人体的体液，当糖水袋泡在浓糖水中时，就像人喝海水一样，水分不断向外流失，到最后，糖水袋中的水都流了出来，原本胖胖饱饱的糖水袋，变得比原来干瘪。

浸置在稀糖水的糖水袋，因为肠衣内外的糖水都是相同浓度，因此从外观上看不出来有什么变化。

最后一个清水组中浸泡的糖水袋，就像是人喝白开水一样，水分渗透进小肠中，糖水袋变得比原来还要大。

化学
小教室

为什么肠衣实验要一次做 3 组？

在上述的肠衣实验当中，我们依据浸入的糖水浓淡分为 3 个组别，不知道你是否有想过，为什么需要这么多的组别呢？如果要观察胀缩，只要做浓糖水跟清水 2 组不就可以了吗？这是为了强调肠衣袋的胀缩是因为袋内袋外的糖水浓度差异所导致的，我们会保留稀糖水那组作为对照之用，科学上称为"对照组"。

但是要注意哦！以本实验来说，除了浸泡糖水的浓度可以调整外，其他的因素像水温、肠衣种类都不能与对照组有所差异，否则一次调整的变量太多，就算最后我们能得出理想的结果，也没办法很果断地说肠衣袋的胀缩就是浓度所导致的，科学讲究的是有几分证据说几分话。

科学要大胆假设，小心求证

运动饮料的渗透压原理

那么，我们已经知道在半透膜的机制下，水分会从低浓度往高浓度的地方流去，虽然大自然的法则如此，但是今天我们叛逆一点儿，

想要对抗"大自然"的话，
有没有办法阻止水分往高浓度方向流动呢？

这就像小孩与大人比腕力，一看就是场不公平的比赛，还记得以前幼儿园跟同学起争执时，一言不合就撂下"我叫我爸来""我叫我哥来"这类的狠话，小孩子眼看赢不了大人的天生神力，只能寻求其他帮助！**改变水分流向的方法其**

实也和"撂人"的原理有点儿像，既然我们说水会往高浓度方向流动，那么，是不是只要帮高浓度那边一把，给予足够的压力，就能阻止水分往高浓度的一端流动？

确实如此！而且我们发现，半透膜两侧的浓度相差越大，水分就越倾向于往高浓度方向流动，也就需要更大的压力来与之抗衡。这股"增援"的压力有一个专有名词，在运动饮料广告中非常常见，就是**"渗透压"**。而且不仅如此，当增援的压力大过渗透压的时候，还可以逆转水分流动方向，改流往低浓度的那一方！

聊到运动饮料的同时，必须顺带提及渗透压是有原因的，由于运动饮料广告主打的是解渴与补充电解质，因此饮料的渗透压就很重要，以免解渴不成，还越喝越渴，像在喝海水一样。不过整体来说，饮料中的电解质或者糖分浓度越高，渗透压也就越高。在网络文章、广告商的描绘之下，运动饮料也因此经常依据渗透压的不同，被分类为"等渗透压""低渗透压"与"高渗透压"3种等级，等级的分类是相对于人体血液渗透压来定义的：

等渗透压：和人体血液渗透压相近。
低渗透压：比人体血液渗透压低。

能对抗水流方向的渗透压

高渗透压：比人体血液渗透压高。

如果你购买市面上这 3 种渗透压的运动饮料来比较，会发现高渗透压的运动饮料口味特别重，这是因为高渗透压运动饮料是为了补充剧烈运动后，人体大量消耗的热量及流失的电解质（像钠离子、钾离子）、糖分而制造的。所以在平常没有运动的情况下，渴的时候还是应该补充白开水，不必一定要喝运动饮料，避免身体过度吸收电解质或糖分，造成肾脏的负担。

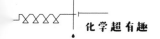

生活中与渗透压相关的例子可不只有运动饮料。你有没有去医院打过点滴？有没有想过**点滴袋里装的液体究竟是什么**？

一般情况下，点滴袋里装的不是纯水，而是生理食盐水或葡萄糖水。它们身负重责大任——必须维持点滴的渗透压与血液相似。这是因为，如果点滴袋里装的是清水，按照半透膜理论，水分将从低浓度往高浓度方向移动，乍看之下好像很补水，但红细胞会因此越胀越大、越胀越大……最后弄不好红细胞会胀破，那可就出大事了！

懂点儿化学真的很有用对吧？把渗透压的概念弄懂不仅可以帮自己增添点儿健康概念，还可以帮助自己吃到好吃的甜点哦！冬天的红豆汤、夏天的绿豆汤，可以说是最传统而家常的甜点美食了。但如果你看烹饪节目的教学，会发现大厨煮汤时，先煮熟或焖熟豆子，最后再倒入砂糖。

为什么总要在最后阶段才倒入砂糖？这是因为如果先放砂糖，汤水浓度太高，水很难煮进豆子里，所以即使花了很多燃气煮上老半天，豆子吃起来的口感也好像没有煮透，不容易软烂。

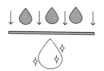

用半透膜来产出干净的饮用水吧！

事实上，半透膜的种类不止有一种，种类不同，其允许通过的对象也不相同。举例来说，在细胞膜的管制之下，**氧气、二氧化碳能够享有 VIP 待遇自由进出，然而在燃料电池所应用的半透膜的管制下，反而是被拒于门外的。**也因为每种半透膜的选择性不尽相同，我们会依据需求，应用在不同的领域之中。

可以流通水分的半透膜可以说是日常应用当中最普遍的一种了，**水分不仅能在半透膜的两侧自由进出，水中的大型粒子还可以被半透膜隔绝在外。**还记得我们说过，在半透膜的分隔下，水分会自发地从低浓度往高浓度流动，但我们可以在高浓度的一端加压，当压力足够大的时候，水分还能逆流回到低浓度的那端。仔细一想，加压后回流的水由于经过半透膜的"把关"，其中较大型的分子、粒子都无法穿过，水质是不是应该相当好呢？

答案是肯定的，而且，依据这种特性制造的商品，在大卖场或百货公司中都能见到，那就是生活中极常见的滤水装置——RO（Reverse Osmosis，反渗透）逆渗透净水机。

逆渗透系统的基本构造就是一组半透膜（当然，不是用猪肠衣做的）以及加压马达。马达发动时，产生压力，把原水通过半透膜过滤，于是就得到了干净的水了。

好的逆渗透滤水机过滤得很仔细，把水中的杂质，甚至农药、病菌等都过滤掉了，得到相当好的水质。所以逆渗透过滤水和在第 1 章中提到的碱性离子水不太一样，逆渗透过滤水中的离子含量极低，也不具酸碱性。

然而，尽管逆渗透系统能提供相当洁净的水，但它也有一个非常大的缺点——**排放废水**。

空气净化器之所以能净化空气，是因为机器里装设了能够过滤空气的滤网，每当使用一段时间后，滤网上就覆盖了一片厚厚的尘埃或毛发。同理，当原水在高浓度的那端通过半透膜过滤时，由于半透膜允许通过的粒子种类很少，许许多多的杂质便会卡在高浓度的那端过不去，而且因为水分不断地流往低浓度那侧，高浓度的原水只有越来越浓的趋势（你也可以说越来越脏）。所以不仅要排掉经过半透膜过滤完之后留下来的废水，还必须使用大量清水清洗半透膜，才不至于影响水质。虽然各个净水机的规格不大一致，但是它们相对一致的是**每产出 1 升的饮用水，都必须排放大约 3 升的废水。**

RO 逆渗透净水机把原水推过半透膜加以过滤，于是得到干净的水

　　为了延长半透膜的寿命，一般的逆渗透系统中还会搭配大孔径的滤网及活性炭等装置来吸附、过滤体积较大的杂质，以减轻半透膜的负担。但即使已经有了多重防护，这些用来清洗半透膜的水依然是省不得的，如果想要省下来，就得牺牲半透膜的寿命，否则半透膜一旦堵塞，就得换一个新的，代价也不小。

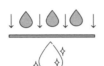

不可小觑的逆渗透

现在回想一下，本章开头时我曾说过，地表上有71%的面积都被水覆盖，虽然绝大多数都是海水，但人们无法直接饮用。可海水几乎又取之不尽、用之不竭，因此许多科学家都在思考：

如果能把海水中的盐分除去，
能不能做成人类可以接受的水体呢？

海水提纯不是天方夜谭，而是全球各滨海国家都在努力研究的大工程。今天，海水提纯的主流方法，就是RO逆渗透处理法，通过逆渗透把氯化钠、氯化镁等杂质过滤掉，取得淡水。

世界各国中，最著名的海水淡化成功的案例，是在以色列。以色列曾是世界上最干燥的国家之一，国土有三分之二是沙漠，全年仅有 30 多天降雨，所以以色列的用水，30% 以上都来自淡化后的海水，甚至供过于求。

不过，就像前面说到的，只要是过滤，就会产生废水，如同我们提到的，半透膜会将很多的杂质、盐分隔绝在原本海水的那端，我们只要依据刚刚的逻辑再稍微推敲一下就知道，当清水从海水里头分离出来之后，海水的盐分浓度只会越来越高，这样高浓度的盐水，我们称之为**"卤水"**。而大量的过滤，产生大量的卤水。这些高浓度盐分的卤水通常会排回大海，但要是没有经过妥善的处理，由于盐分过高、溶氧量低，容易冲击排放区域的海洋生态，甚至有可能导致**海洋生物窒息**。

为了避免直接排放卤水对环境造成重大的影响，滤水厂必须事先做好卤水处理程序。以澎湖列岛近期新建的海水淡化厂为例，该厂在排放之前，会先抽取出海水预先稀释卤水，让排放出去的卤水盐度与海水接近，此举对于生态的影响也能降至最低。

现在你知道了，日常生活中我们走进超市就能买到的矿泉水、打开水龙头就能流出的自来水，来之不易！与很多水资源不足的地方相比，每天早上我们能哗啦啦地用水洗脸刷牙，大口大口地喝水，享受着干净水源，实在是非常幸福。

　　开源与节流是保护水资源的两个重要环节，比起开源，节流更可贵，毕竟像淡化海水这样的开源手段，从某种程度来说，还是有可能破坏自然生态，但节流却是在你我日常生活中轻而易举就可以做到的。

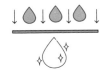

在第 1 章，我曾教过大家两种激怒化学系学生的方法，一是问对方："你们化学系应该很会做炸弹哦？"另一个是跟他说："我家的洗洁精不含任何化学成分！"但除此以外，还可以问他："这么容易被蚊子咬，你应该是酸性体质吧？"

　　酸性体质，在报纸杂志、广告宣传中总能见到它的踪影，甚至还有人提倡碱性饮食——少吃肉类、饮用碱性水，说这样能避免酸性体质、远离血液酸化……听起来，酸性体质好像真有其事，本章站在科学的角度来解析：为什么说了那句话，你的化学系的朋友会这么生气？

第 5 章

拒当"酸民"？

——从酸碱体质理解生活中的"酸碱值"

1

酸碱势力的
化学大战

在日常生活中，酸与碱可以说无所不在。煮菜时，加入的让人食指大动、口水直流的食醋就是酸性的；在烘焙面包、饼干时，会用到的小苏打粉就是碱性的；厨房里，清洁时，简直无处不见它们的踪迹。

那么，在科学里，又是怎么去看待酸碱的？在化学人的眼中——

酸碱其实就像是经常发生角力战的两股黑帮势力。

其中"氢离子"代表的是酸性阵营，"氢氧根离子"则代表的是碱性阵营。这两股水火不容的势力的互动就像帮

派在自己的地盘插旗一样，人多势众的时候，就将地盘占为
己有。

当溶液里含**氢离子数目比较多的时候，我们就称之为酸
性溶液**；反之，**含氢氧根离子比较多的时候则是碱性溶液**；
至于双方"人数"一样多的时候，地盘不为任何一方所有，
化学上我们称之为中性。

在电视或者电影中，你偶尔会看到黑帮火并寸步不让的
火爆场面吧。酸与碱两大势力相遇的时候也是如此，氢离子
会与氢氧根离子"同归于尽"，生成水分子，并同时产生大
量的热能，这正是我们所耳熟能详的——**酸碱中和**。我们并

酸与碱相遇时，有如两股恶势力的角力战

不建议在任何场合轻易尝试酸碱中和的实验，因为此举并不安全，举个例子，如果同时将洗厕所的"常客"——盐酸，还有通水管的"大师"——氢氧化钠两者相混的时候，放出的热量可是有机会让水瞬间沸腾。而且喷溅而出的强酸强碱若沾到皮肤上，不仅仅是高温会导致灼伤，其腐蚀力也不是闹着玩的。

说好一起"组团"的氢与氧

氢氧根离子，到底是氢离子还是氧离子？

在前面谈原子时，我们曾提到，只要电子数目与质子数目不相等的时候，就会被称作离子，但对于初学者来说，乍听氢氧根离子时，难免怀疑这东西是在讲氢离子还是氧离子？

离子不一定只由 1 种元素所组成，也可以由好几种元素一起"组团"。"根"这个字，就是"组团"的概念，代表构成离子的成员不只 1 种。以氢氧根离子为例，"团员"就是一氢一氧，而且为了形成氢氧根离子，氧原子会从别的原子身上抓走 1 个电子，此时氢与氧的电子数总和比起质子还要多 1 个，这个"团"才会被分类为"离子"。

说好"不分手"的氢与氧

争论不休的
柠檬酸碱性

　　要是你觉得只是想看酸碱中和就要如此冒险犯难，那么我推荐一个方案，看看温和一点儿的酸碱中和——赶紧去药房买**维生素C泡腾片**吧！把泡腾片丢进水里面时，会滋滋滋地连续疯狂冒泡，好像把汽水倒进杯中一样！当我们检视维生素C泡腾片的产品成分时，可以发现里头除了有俗称**小苏打**的**碳酸氢钠**，还会掺入**柠檬酸**——这是个会释放氢离子的酸性物质。小苏打是弱碱性物质，在遇到氢离子的时候，除了酸碱中和产生水之外，还会释放出二氧化碳，这就是你所看到的泡腾片遇水产生的气泡啦！

日常的生活中，含有酸性物质的蔬菜水果很多很多，你第一个想到的会是什么呢？不是梅子，就是柠檬，对吧？柠檬之所以尝起来酸溜溜的，并不单纯是富含维生素 C 的缘故，最主要的还是因为柠檬富含我们刚刚提到的柠檬酸。

在化学实验中，我们会发现，一个柠檬酸的分子，最多可以释放三个氢离子，如果到化工商店去买酸碱指示剂来做实验，会发现柠檬根本就是个酸性食品。这就奇怪了，怎么好像曾在哪里听过"柠檬是碱性食品"这种说法？甚至还有人特地买柠檬泡水，天天喝，希望能够改善所谓酸性体质……

所以，柠檬到底是酸性的还是碱性的呢？

如果去搜索引擎键入"柠檬酸""碱性"，你可以发现这个主题底下不知道有多少篇文章在讨论。柠檬酸碱的争论，起源于"酸性体质"理论对于食物酸碱性有着与化学人截然不同的定义。

事实上，**在营养学的探讨当中，柠檬还真的是常被归类在碱性的阵营**，原因是，营养学探讨一项食物的酸碱并不是单纯地看食物本身的酸碱性，而是看人体消化吸收之后所代谢的物质究竟是酸性的还是碱性的，因此在早期，网络上讲述有关酸性体质的文章，常常会提到通过"燃烧"来模拟人体消化的过程，食物烧成灰后，会再将灰粉溶进水里去判定酸碱性。

　　的确，如果这么实验下去，我们会发现，蔬菜水果因为富含金属离子，把它们高温烧成灰后的产物投入水中，水溶液会变成碱性。就像农夫在收割水稻后燃烧稻秆所得到的草木灰（草本植物燃烧后的产物），其中富含碱性的碳酸钾——可以作为肥料的来源。而肉类含有大量硫、氮这一类非金属元素，燃烧过后留下来的物质则让水溶液呈现酸性。

柠檬是酸性的还是碱性的

时至今日，虽说以燃烧法来判断食物酸碱早已为人诟病
（毕竟消化的过程非常复杂，岂是一个燃烧可以简单带过的），
但是在医学上，确实吃蔬菜水果多的人，其尿液含碱量会比
吃肉多的人更多一点儿，我们的主角——柠檬，当然也属于
蔬菜水果的行列，因此这时候被归类在碱性食物好像就一点
儿也不奇怪了。

但即使饮食会影响尿液的酸碱姓，能够代表它也会影响
血液的酸碱值吗？甚至是……**影响体质**？

饮食真能改变
人体的酸碱性吗？

　　在碱性饮食的理论中，有些问题是没有答案的。譬如说，所谓酸碱性体质，到底是指身体哪一个部位的酸碱性？是皮肤，还是血液？因为只是讲"体质"两个字，实在很难囊括人体的全部运作机制，或者讲白了，它只是一个"概念"，因此没有一个主张酸碱体质派的人可以明确回答你哪个部位的酸碱值改变了。

　　酵素在人体内扮演着举足轻重的角色，如果没有酵素的帮忙，下肚之后的米饭、肉类就很难在短时间内化成小分子被你吸收。酵素能够让在实验室里需要费好一番工夫才能完成的化学反应轻松地在你体内秒速完成。打个比方来说，同样是台北到高雄，当别人堵在高速公路上的时候，你却搭着高铁急速奔驰捷足先登。为了确保这些酵素能够正常运作，不同的人体部位就会有不同的酸碱度。

举例来说，**唾液的 pH 为 6.5 ~ 7.1**。接着当我们把食物吃下，食物落入胃袋，胃会分泌胃酸去消化。**胃酸是低浓度的盐酸，虽然浓度低，但酸性极强，pH 为 0.9 ~ 1.5**。这也是为什么胃酸过多的患者常常感觉到胃部有灼热感。

下一关的肠道紧接着会分泌胰液、胆汁、肠液来中和胃酸的酸性，所以**肠道的 pH 为 7.3 ~ 8.5**，呈弱碱性。

除此之外，好多市面贩售的沐浴乳、洗面乳，都会主推"弱酸性"的广告语以贴近人体皮肤的环境。由此可知，健康人体皮肤的角质层是弱酸性，pH 在 5.5 左右，如果硬要维持在弱碱性，反而会坏了人体的自我防卫机制。

讲到这里，你慢慢可以理解了，

所谓的酸性体质、碱性体质，
都是假议题，
人体从头到尾就不是同一个酸碱值啊！

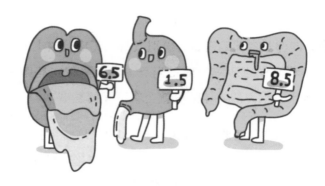

人体不同部位的概略酸碱度

　　而且为了酵素正常运作，不同的器官还必须维持在各自一定的酸碱值内。有新闻报道指出，不少民众为了养颜美容、改善体质，每日饮用柠檬水，长期下来却导致胃痛，甚至胃溃疡。虽然柠檬确实有许多对人体有益的物质，但是**柠檬原汁的 pH 在 2 ~ 3**，即便经过稀释之后不具有那么强的酸性，但其中的柠檬酸仍会刺激胃酸分泌，长期饮用，对于肠胃功能不好的人来说，依然是相当大的负担。

　　碱性饮食的支持者除了希望通过饮食来改变人体酸碱值，还希望通过碱性饮食，避免血液酸化。但这实在是太操心了！健康人体的血液，其实是会自我调整的，**一个健康者的血液平时会维持在弱碱性的状态，pH 是 7.4 左右，**以维持人体正常的运作。为了保持这个酸碱值，避免受到食物、环境的影响而改变，血液本身有着常定酸碱性的机制，也别忘记我们的肾脏，它也可以借由排出过多的酸、碱，来协助稳定血液的酸碱值。除此之外，呼吸作用也一样有调节血液酸碱值的功用。既然有这么多的机制努力帮你维持血液酸碱值，人类还要操心所吃下肚的食物到底是酸性的还是碱性的，实在是自寻烦恼，因为那对于血液的影响实在非常非常小。

事实上，要是血液长期维持在酸性，人就不健康了，不是那种"容易被蚊子叮咬""容易感冒"的小问题，而是严重的身体不适。造成血液变酸的原因有很多，但无论如何，血液变酸就代表血液的酸碱缓冲机制已经失调，轻则伴随呕吐、腹泻，重则可能不幸丧命。

化学
小教室

什么是 pH？

在化学中，为了让酸碱值的表示更加明确，避免"你的酸性不是我的酸性"，我们会像浓度一样，通过客观的数字来表达，这个数值就是你时常看到的 pH。

通常 pH 都会落在 0 ~ 14 的区间，一般酸性与碱性的分界点是 pH=7，如果比 7 还小，代表酸性，数字越小酸性越强，结合我们先前讲的，就是氢离子的浓度越高。所以啦，这就是为什么有时候当你在逛社群网站，看到网友们在留言区发表酸溜溜的言论时，底下会有人说："楼上 pH 超低！"这代表他酸度"破表"啦！相反地，比 7 还大就是碱性，数字越大碱性越强，氢氧根离子的浓度也就越高。

读者的 pH 刚刚好！

浮夸的视觉系饮料
——蝶豆花

　　人们对酸性体质的误解，给了我们一个很大的启示：沟通必须建立在对等的信息面上。虽然多吃蔬菜水果是好事情，但商家却使用了错误的科学观念，认为多吃等于无限量，造成错误信息的传播，最后反而让我们的身体更接近危险！然而直到今天，仍然有许多主打着调整酸性体质的食品在市面上流通，更不用说像碱性离子水那种荒谬的产品。很多时候，商人牟利，会故意利用大众对于科普知识的谬误，加速传播错误的观念，使得正确的医学常识难以推动，这实在不是一件好事。

不过，如果酸碱概念能被好好利用，也可能会产生令人眼睛一亮的惊喜。近年来很流行的一种视觉系饮料——**蝶豆花**，就是靠着酸碱性的差异，吸引了许多消费者。

自然界中，有许多物质会随着外在环境酸碱性的改变而改变自身化学结构，别小看这一点点的改变，在小分子的世界里，仅是结构小小的改变，人们肉眼接收到的物质颜色就有可能完全不一样。在化学实验室里面，最常见的实例就是**酸碱指示剂**了。学生时代，你一定用过**石蕊试纸**吧？**石蕊在接触酸性物质时会呈现红色，但在接触碱性物质时则呈现蓝**

石蕊试纸可检测物质的酸碱性

色。这种颜色上的差异，让我们能够在不依靠仪器的情况下，简单判断未知物质的酸碱性。

大自然中也有许多蔬菜水果藏有带酸碱指示功能的色素，像蝶豆花里富含的花青素，在遇酸性物质的时候，会呈现相当梦幻的紫色。所以你知道这个秘密之后，也可以在家里尝试做一杯分层饮料，买一点蝶豆花，先用热水浸泡，把里面的花青素给溶出来，就能看见它呈现美丽的深蓝色。

把蝶豆花放凉之后，拿一个玻璃杯，在杯底挤一些柠檬汁，怕酸可以加点儿蜂蜜。接着，再将冰块加到满杯。（**冰块很重要！是分层成功与否的关键！**）最后慢慢地、轻轻地将蝶豆花倒入，就能得到一杯蓝紫色渐层的美丽饮料啦！

不只蝶豆花，许多植物的汁液也有类似的功用，例如紫色卷心菜的色素在遇碱性物质的时候呈现黄色，但在遇酸性物质的时候则呈现红色；朱槿花的色素在遇碱性物质时是绿色，但遇酸性物质时却变成红色。还有桑葚汁、葡萄汁……都有类似的作用。（如果果汁颜色太深很难看出变化，就稀释一下吧！）

在介绍过酸碱值后，你是不是对人体的奥妙啧啧称奇呢？在化学人看来，**人体就像是一座神奇的化学工厂，**要想

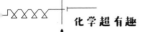

好好地让这座大工厂发挥完整机能，必须通过许多不同的营养素来帮忙。即便是人称酸性食物的肉类，也含有人体所必需的油脂、蛋白质等营养素，这些都是一个健康的人不可或缺的。

学好化学，不仅让你了解自然界，还能让身体更健康。最重要的是，现在你终于知道化学人的底线，对他们愤怒之所在能够感同身受啦！

化学
小教室

同样是酸碱中和，
为什么维生素C泡腾片就很无害？

虽然酸碱中和会产生大量的热，但维生素C泡腾片碰到水之后，并不会滋滋滋地一边冒泡，一边变成一杯滚烫的维生素C。这是因为发热量的多寡，除了要看发热的根本——氢离子和氢氧根离子反应的数量，还要看酸碱本身是强还是弱。

所以只有强酸强碱混合的场合才需要担心生命安全，弱酸弱碱就不会有这样的特性（否则煮饭的时候，光是加个醋酸就可能会给你不少“惊喜”），而维生素C泡腾片当然也是在弱酸弱碱的范畴。而在此所提到的维生素C、柠檬酸、醋酸等弱酸对于人体来说都是可以短暂承受的酸性物质，不像盐酸、硫酸那样有强烈的腐蚀性，所以可以放心食用。

最恐怖的其实是炒菜时被油溅到

113

我们都听过"真金不怕火炼"这句话，用来比喻拥有真材实料的人不怕受到外在严峻环境的考验。但为什么"不怕火炼"只有"真金"能够独享？而不是真铁、真铝、真银呢？难道其他金属就怕火炼吗？会不会跟熔点有关？本章就来谈谈燃烧，以及让物质燃烧最重要的因素——氧气。

第6章

讨厌你，但不能没有你

——氧气与你我的"爱恨情仇"

1

真金不怕火炼，
难道是错的？

　　所谓**熔化，是物质通过加热从固体变成液体的现象，而熔点是指晶体熔化时的温度。**

　　金的熔点约为 1000 摄氏度，虽然这个温度已经足以把我们所处的世界变成一片焦土，但在金属元素的世界之中，要是我们把熔点高低作为辈分来看，金还只是"小弟"等级，只能为其他"大哥"递茶扇风。

　　以白炽灯泡中常见的材料——"钨"来说，钨是熔点最高的金属，高达 3400 摄氏度（难怪能够扛下发光发热的重任）。所以……古人难道都错了吗？难道我们应该提醒语文老师，改成"真钨不怕火炼"吗？（顺带一提，因为熔化与热有关，所以应该是用火字旁的"熔"，而不是"融"或"溶"哦。）

原来，真金不怕火炼的背后，是在说：

金子不论以火焰如何加热，
永远不会生锈或变质，
可以保有原本金光闪闪的样子。

生锈对很多金属来说并不是罕见的事，尤其是在高温的时候，比起低温环境更易促进锈斑生成。以常见的铁来说，只要放在温热潮湿的环境下，很快就会长出铁锈。又或者把一枚铜钱放在浴室里，如果浴室比较潮湿，没几天铜钱就会长出绿色的锈斑。你在电视或影片中，看过自由女神像吗？那是一尊大铜像，它一开始并不是现在的颜色，而是由铜色、粉红色、深棕色一路变成现在的绿色的！这其中的奥秘除了水，还在于维系我们生命的关键——**氧气**。

熔点只是一个"点"吗？

笑点，由于那个"点"字，听起来很像是一个人对于笑话发笑的临界点，只要过了这个门槛，那个人就会不争气地发笑。那熔点和笑点一样，只是一个临界"点"吗？在有机、无机化学领域中，对于纯粹的有机、无机化合物，一般都有固定熔点。在一定压力下，初熔至全熔的温度不超过 1℃（熔点范围或称熔距、熔程）。但如混有杂质则其熔点下降，且熔距也较长。从这个角度上来用科学的态度严谨地讲，熔点是一个准确的点，只是这个点，会随着条件的变化而变化。

熔点是个点，只是它会变

不用隔绝氧气的防锈法

　　我们知道空气中富含氧气，且氧气大约占了20％的体积，它可是个调皮的人物，先前在原子幼儿园中有提到过，每个原子都有不同的个性，也许相似或相异，有的脾气暴躁，喜欢夺取别人的电子，而氧原子就属于这样的原子。

　　在日常生活中，氧原子不会单独存在，而是成双成对地靠在一起，我们把它们称作"氧分子"。氧分子的化学性质，比氧原子安定，但氧分子也不是个省心的，看到比较弱小的对象，就想要把人家的电子给抢过来。

在化学上，我们会说被抢走电子的"可怜鬼"被"氧化"了。

一提到氧化，人们很容易将腐朽、破坏等负面形容词与之联想在一起。的确，人类与氧气长期以来一直保持亦友亦敌的关系，一方面它是延续生命的必需品，另一方面，人们也努力避免或降低氧气对周遭事物造成的伤害。刚才提到的"生锈"就是具代表性的例子。在充足氧气与水的环境下，铁器总是容易产生红色的锈斑。为了防锈，人们在铁器外层镀上其他金属，或者涂油漆，就像是给铁器加一个防护罩，用以抵抗氧气、水的侵蚀。举例来说，我们时常会在铁器表层镀上一层锌，也就是俗称的**"白铁"**。

作为铁的防护罩，想必**锌**一定是个能有效抵抗氧气的金属吧？然而，相对于铁来说，锌这个元素反而不善于保存电子而容易被氧化。如果换种好听的说法就是："锌这种元素非常乐善好施。"每当有氧气靠过来的时候，锌就像请朋友吃饭抢着付账一样，大大方方地主动把电子给让了出去，于是锌立刻就被氧化了。

说来也奇妙，这种防锈机制选择不与氧气硬碰硬，反而运用了锌更容易被氧化的特性来保证铁器的健全。而且正因为锌这种乐善好施的精神，铁器反而安全许多，只要在锌没有完全被氧化的情况下，氧气都找不了铁器的麻烦。

更厉害的还不止于此，就算白铁不慎受到外力敲击，产生裂痕造成铁器外露，锌还是能负责传递电子，让铁能够免于被氧化。这也就是所谓的**"牺牲阳极的阴极保护法"**，也就是**牺牲更容易被氧化的元素来保护铁器**。

要是我们说镀锌是一种牺牲奉献，那么镀锡就是一种铜

锌与锡以各自的方式保护铁器

墙铁壁的防锈手段！相较于锌，锡就像一个强壮的保镖，就像老鹰抓小鸡游戏当中，那只保护小鸡的母鸡。由于锡的活性比铁还要小，所以面对氧气的骚扰时，它能够牢牢掌握手中的电子而不易生锈，站在第一线守卫铁器。

在日常生活里，镀锡的铁器俗称**"马口铁"**，时常被广泛应用在罐头中。然而，一旦马口铁出现裂痕而导致铁器外露时，其结局跟镀锌铁器的结局是截然不同的，正因为锡不如锌那么大方地丢电子给氧气，此时铁器反而会过来丢电子保护锡金属的安危，因此马口铁一旦有裂痕，铁器反而会不断地往内部锈蚀，甚至比起没镀锡的时候还快速，与镀锌铁器可以说是很强烈的对比！

一体两面的氧化还原

在日常生活当中，因为我们与氧气密不可分，"氧化"这个词听起来毫不陌生，像苹果被氧化、铁钉被氧化……但只要回到本质上来看，氧化其实就是指电子从物质流出的过程（你可以发现其实氧化不一定要氧气来参与）；而另一个词"还原"就是指电子流入物质的过程。更明白地说，氧化与还原分别是电子由微粒 A 流出，同时流入微粒 B 的过程，因此氧化与还原反应必定同时发生。这就好像是在玩"你丢我接"的游戏一样，只要有人丢球，就一定得有人接球，否则反应不会发生。也就是说，日常所讲的"氧化反应"，正确来说应该是"氧化还原反应"。

钞票也像电子流到我这儿就好了……

3

暖宝宝
因生锈而发热

　　虽然在绝大部分的情况下，我们不希望金属生锈，我们希望器物的使用期限越长久越好，不过在某些情况下，我们反而会希望金属可以快速生锈，不要拖拖拉拉的。这时我们可以利用的是**生锈反应的另外一个特性——发热**。

　　生锈的过程会放出热量，只是平常铁器生锈的速度实在太缓慢，让人难以察觉。为了加快反应的速度，人们将铁块碎成铁粉，就像是砂糖溶解的速度比冰糖更快的道理一样，粉末状可以增加铁与氧气、水接触的面积，反应会更快速。

　　除此之外，还可以在铁粉中**加入一点儿盐和活性炭**，

在铁粉里加入一些盐和活性炭，
能帮助暖宝宝加速生锈以释放热量

要是我们说原本氧气夺取铁身上电子的速度有如拨号连接网络一样，盐和活性炭的介入则像是将速度直接升级成光纤网络，因为盐分可以增加导电性，活性炭可以帮助捕捉空气中的水气。

于是在这两种方式的帮助下，铁能够快速地将自己的电子传递给氧气，铁粉迅速被氧化，放出的热量就变成你冬天暖手的好伙伴——**暖宝宝**啦！

除此之外，中秋赏月，享用月饼时，打开月饼的塑料袋包装，会发现里面除了装有月饼以外，经常还附着一个四四方方、扁扁平平的小袋子，上面写着**"脱氧剂"**。你有没有想过：

脱氧剂到底是什么东西？

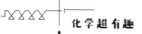

为什么月饼礼盒里要放脱氧剂?

放脱氧剂的目的很单纯,是为了**避免食物的油脂因为氧化而酸败**。你有没有闻过那些开封后没吃完,不小心遗忘在房间角落很久的洋芋片、坚果食品?当你再次打开包装的时候,一股令人不悦的哈喇味扑鼻而来,这就是氧气搞的鬼。

既然饼类食品需要运用大量油脂来制作,就不得不谨慎面对油脂酸败的问题。为了避免食品受到氧气的荼毒,我们必须安排一个"帮手",帮忙"捕捉"包装袋里的氧气,才能延长月饼的保存期限,这就是所谓的脱氧剂。人们利用**铁粉比油脂**更快氧化的特性,保护食物不受氧气的侵害,所以在食物保鲜的领域时常可以看到铁粉的踪迹。

偶尔当个好奇宝宝吧!如果你曾经拆开月饼塑胶包装,将脱氧剂在手上把玩个几分钟,你会发现脱氧剂竟然也会逐渐发热。原理和暖宝宝相当接近,当脱氧剂从密封的包装中解放出来,空气中富含氧气和水,里头的铁粉快速被氧化,从而逐渐发热。

不过由于脱氧剂的功能并不是让你吃月饼赏月的时候还能顺便暖暖手,而是降低密封袋中的氧气含量,所以也不用太期待它可以暖多久,它的温度也不像暖宝宝那么热哦!

燃烧
也是一种氧化作用

　　无论是脱氧剂，还是暖宝宝，氧化反应都是相当温和的，我们所说的"温和"是指短时间内不会释放大量热能。因为氧化反应会依照环境、物质的不同而有不同的反应速度。不过日常生活中，有一种氧化反应能短时间放出大量的热能，过程之剧烈，使其普遍被用于燃气灶与热水器。在以前没有电灯的年代，其氧化还原反应所产生的光线，还可以用来照明。你猜到是什么了吗？没错，就是**"燃烧"**。

　　所谓"星星之火可以燎原"，说明燃烧经常可能一发不可收拾。

燃烧三要素：可燃物、氧气、温度

**只要可燃物、氧气和足够高的温度三者齐备，
燃烧就会持续到这三者的其中一方消失为止。**

如果时常注意国际新闻，你会发现每到夏天，欧美各地经常发生森林大火，尤其是美国加利福尼亚州一带的森林大火，火势猛烈，肆虐范围广阔，当地政府甚至必须撤离几万人或十几万人，以确保当地居民的安全。

无论是欧美还是其他地方，在扑灭森林大火时，都会规划出**"防火线"**，也就是在大火延烧到定点之前，利用人工方式清除草木，开辟出一块没有草木可供燃烧的带状空间。当大火延烧到这一条防火线时，因为缺少可燃物，就无法继续燃烧，我们就能将火势控制在一定区域内。等到防火线划定的范围内所有可燃物都被燃烧殆尽，大火无以为继，也就熄灭了。

这种做法看似牺牲了很多珍贵的山林，但却是最有效的。毕竟我们没有办法彻底隔绝氧气，而且当面对大面积的燃烧时，即使拼命洒水，也是杯水车薪，倒不如让燃烧局限在一定范围，牺牲那一部分的山林，也不要让大火往外蔓延。

不管从哪一个角度来看，无论是温和还是剧烈的氧化作用，只要万物遇到氧气，似乎都会走向腐败或灭亡。虽然人们发展出工艺技术，通过电镀，将容易被氧化的金属外层用防护罩加以保护，但该怎么保护人体呢？

吃点儿维生素C、维生素E，人体内也有阴极保护法？

生而为人，我们每分每秒都在与氧气接触，这也表示，我们一直活在随时会被氧化的环境中。

你有没有听过**"自由基"**这个时常出现在保健相关文章的名词？如果说氧气是强盗，喜欢没事抢别的元素的电子，那么**自由基就是"强盗集团"**。

自由基是一个化学名词，**代表原子持有电子的一种形态**，详细的定义稍嫌复杂，但你也许可以理解到，既然它是一种形态，代表它不是一种特定物质，只要符合自由基的定义，就可以被称为自由基。

　　自由基虽然名为"自由"，却时常建立在别人的痛苦上。有一种自由基，名为"氢氧自由基"，和我们在第 5 章谈酸碱时提到的氢氧根离子长相非常相似，它一样是由一个氢原子与一个氧原子所构成，只要从氢氧根离子的身上拔掉一个电子，它就成为氢氧自由基了。

　　氢氧根离子的化学性质比起氢氧自由基安定许多，在多数情况下，不会有事没事去抢人家电子或送人家电子，这正是由于它持有它所满意的电子数目，所以一旦我们将它身上的电子移除掉，就像小时候我们被爸爸妈妈或学校老师没收了玩具，见到其他人的玩具就想抢来玩一样，它见到其他人的电子就眼红、想抢来玩，才能取回它所期望的电子数目，氢氧自由基因此是自由基里面氧化力数一数二强的，对人体伤害自然也很大。

　　幸好，地球上的物种早就发展出许多独特的防御手段来减缓自由基对肉体造成的伤害。

　　在人体当中有所谓的**"抗氧化剂"**——这个词你也许在泡面包装上曾看到过。在食品保鲜的领域里，为了避免食物在加工或储存的过程中，受到氧气影响而腐败，我们会使用抗氧化剂来保护食品，延长保存期限。

　　而抗氧化剂在人体里也有类似的表现，面对自由基敢冲、敢死的精神，抗氧化剂抢在自由基伤害人体之前，不惜用壮烈牺牲的方式来保护我们。（跟牺牲阳极的阴极保护法很像吧！）

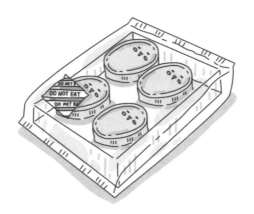

为了延长保存期限，我们会用脱氧剂让食品避免受到氧气影响

6

断章取义的
维生素 C 实验

　　什么抗氧化剂对人体如此重要呢？最常提到的抗氧化剂，莫过于维生素 C、维生素 E 了。由于人体本身没有办法自行合成维生素 C，必须从蔬菜水果中摄取，所以现在你明白了，为什么从小到大爸爸妈妈总是耳提面命，要求我们不可偏食，必须多吃蔬菜水果了吧。

说到维生素C，
最有名的实验便是它与碘酒的反应。

　　碘酒是碘溶在酒精与水中后形成的溶液，在碘伏尚未普及之前，碘酒是早期家庭里泛用的伤口消炎、杀菌用药，但由于其成分含有酒精，刺激性比较强，受伤的人在清洁伤口的时候往往还需要再痛一次，因此后来才逐渐被碘伏取代。

言归正传，碘酒外观是相当暗沉的红棕色，但我们只要把足量的维生素 C 丢进去搅一搅，就会发现碘酒的颜色越来越淡、越来越淡，从一开始的红棕色，最后淡化到透明无色的程度，给人很大的视觉震撼。

这样的实验也许你曾经在某些主打维生素 C 的保养品广告中看过，商家想要通过颜色的改变告诉消费者：

"我们的产品富含维生素C！"
"黑漆漆的碘酒都能转白透亮，
更何况是你脸上的斑点！"

从而说服希望改善斑点问题的消费者购买商品，甚至有的广告词还会强调碘酒被维生素 C 还原成清水，乍听之下相当震撼，但是真有这么回事吗？

确实，碘本身就是一种**弱氧化剂**，它的行为与氧一样，能够抢夺别人的电子，而维生素 C 则扮演抗氧化剂的角色，将电子塞给碘。碘在得到电子之后就不再是碘了，会变成无色的碘离子，这就是为什么碘在碰到维生素 C 后，颜色会转为透明无色。

但关键问题来了！
人皮肤上的斑点成分是碘吗？

　　答案绝对是否定的，并不是所有黑黑的东西对维生素 C 的反应都是一样的，就像铅笔在维生素 C 里浸泡再久也不会变白，毕竟成分不相同。

主打含维生素 C 的保养品，到底能不能淡化黑斑呢

所以说穿了，这项实验顶多证明**"维生素C是个抗氧化剂"**，至于维生素C对于淡化黑斑、抹去皱纹有没有帮助，那就必须另外探讨维生素C对于黑斑淡化的机制，在没有充分证据证明的情况下，并不适合这么草率地将碘与黑斑画上等号。

抗氧化剂
没那么可怕

　　所以你应该明白了，以后再看到食品包装上面写有"抗氧化剂"时，先别害怕这是什么对人体有害的添加物，而应该先仔细瞧瞧成分，看清楚到底抗氧化剂的本尊是谁，如果不确定，可以上网查查看它是否会影响人体。

　　事实上，这个世界要是没有抗氧化剂的存在，食物腐败反而会让人体受到更大的伤害，食物也无法长久地保存。即使是美味香酥的洋芋片，油脂酸败时的味道也绝对能让人食不下咽。

　　最后还是要提到一句老话：**"这个世界上没有绝对安全**

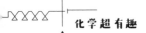

的物质，只有绝对安全的剂量。"

只要不过度食用抗氧化剂，就用不着忧虑。

下一次，当你嘴里嚼着洋芋片或满足地吃泡面时，不妨把包装转到成分标示的那一面，仔细读一下内容，认识一下平常默默守护着食品安全的抗氧化战士吧！

化学
小教室

深呼吸，来点儿氧化还原吧！

人们常说，阳光、空气、水是维持生命的三要素。但其实依照急迫性需求来看，空气是三要素中最重要、最不可或缺的。人没有水还能撑上一两天，但在缺氧的情况下，撑不了几分钟。

但依本章的内容来看，好像把氧化剂——氧气摄入体内，并不是明智之举，因为氧可能会造成身体的细胞、组织氧化而使之受损。

然而，当今的地球生物却主要都是依赖氧气生存。以人体来说，呼吸时会摄取氧气，身体便会利用氧气来氧化食物中产生的葡萄糖，产生能量储存在体内，以备不时之需。但说也奇怪，在地球数十亿年的历史长河中，无论是人类也好，还是其他生物也好，并没有因为氧化的缺点而演化到不需要氧气的地步，想必氧气对于多数生物来讲，还是利大于弊吧。这是因为有氧呼吸产生的能量比无氧呼吸多很多，若只进行无氧呼吸根本无法供给大多数生物日常所需的能量，有氧呼吸才能利于它们存活与生长，而无氧呼吸则是常见于菌类这种体形极小，对能量需求较低的生物。

要"勇气"请找梁静茹，要氧气只需深呼吸

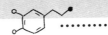

喝汤、吃麻辣锅的时候，汤水看起来之所以油亮，不外乎是油脂浮在水面上的缘故。我们都知道，油之所以能浮在水面上，是因为在相同体积的情况下，油比水轻。这个道理很容易懂。但如果我们去请教万能的网络就会发现，这世界上比水还要轻的物质，其实很多很多。譬如在体积相同的情况下，酒精也比水轻，但水、油混合后，它们之间有一条明确的分界线，酒精倒进水里的情况却完全不同，两者很快就均匀地混合在一起，完全没有界线。

　　看来，油之所以能够浮在水上，除了轻重问题之外，一定还有别的原因，那么，到底为什么油、水不能互溶呢？

第7章

是调解专家也是整人高手

——洗洁精其实是个"斜杠青年"

从人际关系
看化学分子的极性

    化学有个有趣的地方，就是很多原理都可以在日常生活中被发现。

    请回忆一下，在学校课堂或是在人多的团体中，经常可以看见不同性格的人。有些人性情开朗活泼，无论什么大小事都想要掺一脚，在团体中专门负责讲笑话，引得大家哄堂大笑；与之相反的是，团体里头一定也会有些人总是安安静静，低调不爱出风头，关注的话题也总和多数人不太一样。通常，高调的人都跟高调的人在一起，低调的人也会有一些能与他们谈得来的朋友，在一个大团体里，人们自然而然分成了几个小团体，正所谓"物以类聚，人以群分"。

化学的世界也有类似状况，**每一个化学分子都有它独特的性质，当一个分子遇上另一个分子的时候，如果彼此性质相似，就会和对方靠在一起，成为"好朋友"**。从外观来看，这两种分子均匀地混合在一起，就像酒精与水一样；但如果分子之间性质差异太大，就会出现格格不入的状况，从外观来看，两种分子之间会出现一条清晰的分界线，就像油与水一样。这样的性质，在化学上有一个专有名词——**极性**。

那么，为什么分子会有极性呢？

这又得回到我们先前提过的原子幼儿园。想象一下，两三岁的小朋友们聚在一起玩玩具，有些性格任性的小孩，看到别人手上的玩具好玩、新奇，二话不说抢过来就玩，被抢的小朋友气恼得哇哇大哭……原子幼儿园里的"小朋友们"也是一样，经常对于自己身上所拥有的电子数感到不满意，每次狭路相逢，就会爆发一场电子争夺战。

有些乐善好施的原子，遇上性情生性霸道的原子，一个丢掉自己身上的电子，另一个捡走电子。一个愿打一个愿挨，这样会产生阴离子与阳离子的配对。

但如果双方实力相差不多，脾气又一样坏，狭路相逢，会发生什么事呢？恐怕为了夺走对方的电子，一场拉锯战想必是在所难免吧。但如果抢了半天，却没有办法把电子从对方身上抢过来，原子们就会彼此"协议"，共用对方的电子。不过，这不一定是个公平的协议，如果是相同的原子，同类之间当然共存共荣，没异议地把双方电子放在两个人中间一起共享。但要是不同的原子相遇，即便双方实力相近，但还是会有高下之分，强悍的那一方会把电子往自己这一方"拉近"一些（但还是没办法独享这对电子）。

**电子分配不均的情形，
便是极性的起源，
在化学里，如果电子被分配得越不平均，
我们会说极性越大。**

自然界，1个分子经常不止由2个原子所组成，复杂的时候甚至可能牵连到几十个、几百个原子。所以分子的极性大小，便是其原子之间互相影响而得到的结果。

总之，极性是每个分子与生俱来的特质，就跟你我的个性一样，只是差别在每个分子的极性有大有小而已。

油与水之所以互不相溶，正是因为水的极性非常大，但油的极性却非常小。我们不用执着谁大谁小，只要简单理解成，当个性和价值观迥异的两个人相遇时，因为很难找到共有的喜好、习惯，所以难以融洽相处。这在化学上可用一个专属名词形容：**相似相溶**。意思就是说，极性相似的物质能够均匀混合，溶在一起。

酒精与水的特殊性关系

酒精与水能够"破格"地以任意比例均匀混合而不会发生分层。为什么是"破格"呢？

这是因为绝大多数的物质溶于水中时，都会有个溶解上限而无法无限制地一直溶解，这个上限我们一般称作"溶解度"。

举例来说，准备一小杯水，在里头撒点盐搅拌一下，心中默数到 10，盐就可以完全溶解，甚至不用做实验你也觉得它合情合理。然而如果是一整包盐倒下去，等到下礼拜、下个月，甚至到永远，你都等不到盐完全溶解的那一天（而且水还会先蒸发掉）。因此我们才会说，酒精与水是少数可以任意比例混合的特例。

酒水混合无极限，但是酒量有限

劝和不劝离的表面活性剂

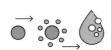

在这个社会里，面对与我们个性、习惯、价值观差异甚大的人，我们往往第一时间不是试图亲近、理解，而是抗拒、远离与排斥。大家在成长的过程中一定都曾被告诫为人必须懂得倾听、理解对方的立场，但这是一项知易行难的任务，毕竟站在人性的角度来说，理解一个人不仅需要长时间观察对方的言行举止，也需要时间消化、认同双方的差异点。

虽然我们都很讨厌被贴标签，但**"标签化"**反而是人人日常理解他人的方法，就像称呼对方是"某某粉""某某迷"之类。但标签化是一个先入为主且偏颇的代入法，毕竟一个人的性格特征，怎么可能是三言两语就能断定的呢。

不过，只要价值观相异的人们之中，有谁愿意破冰，坐下来好好沟通，消除彼此的成见，这两方很有可能就会放弃对立，从过去的敌对关系转为友好。

在化学的世界里也有类似的状况，虽然油、水之间总是互不相溶，但总有那么一位**"和事佬"**愿意跳出来化解双方的壁垒，它出现之后，只要稍微搅和搅和，油与水便不再互相排斥，而是互相融合在一起，界线也不明显。这个"和事佬"其实你我天天都在接触，我们日常生活中总是离不开它。它叫作**"表面活性剂"**，我们常把它称为**"清洁剂"**。

你有没有碰到过朋友吵架闹翻，后来有人出来居中协调，化解双方误会，使双方重新和好的情况呢？担任中间人的角色，一定要非常了解双方的个性，才有可能解开误会。在油与水之间，表面活性剂就是这样的一位"中间人"，由于它独特的化学结构，我们时常把它想象成一只拖着条长尾巴的蝌蚪。

表面活性剂之所以可以作为油、水之间的桥梁，关键在于其**分子头尾两端分别具有亲水与亲油的结构，能够一端溶于水、一端溶于油。我们将清洁剂加到水中之后，再通过刷洗、搅动，使表面活性剂先用亲油端将油污包围住，此时表面活**

表面活性剂就好像是谈判桌上的中间人，
温柔地牵起油与水两方的手而握手言和

性剂的亲水端朝外，再被水包覆带走，成功铲除油污。

　　表面活性剂就好像是谈判桌上的中间人，温柔地牵起油与水两方的手，使它们握手言和。

　　由于去污的关键在于表面活性剂包围油污，所以要是油污过多，或者表面活性剂加得不够，以致污垢没办法全然被表面活性剂包围，油污还是去除不掉的。

　　你一定清洗过布满油渍的碗盘，想必当时也是多挤了一两次洗洁精才能清洗干净对吧？

　　表面活性剂可以作为油与水的沟通桥梁，进而铲除污垢，除此之外，表面活性剂还有一个很厉害的功能，那就是可以**降低水的表面张力**。

什么是表面张力？

表面张力是液体特有的一个物理性质。液体之所以会有表面张力，是因为**液体分子之间有彼此牵引的作用力，使得液体倾向于向内聚在一起，而不会往四周摊平**。

装满水的杯子是观察表面张力很好的例子，相信你一定注意过，只要从杯缘看过去，就能看到水面并不是平整与杯缘切齐，而是有稍稍隆起的凸面，而且水位还会稍稍高过杯缘，当杯口越窄的时候，这项特性就会越明显。

这就是表面张力的表现之一，可以将分子之间的彼此牵引，想象成水与水之间手拉着手紧紧地靠在一起，就好像一道屏障似的。物体要从水面上掉到水底时，必须先突破这道水面的屏障。

你知道缝衣针也能浮在水面上吗？俗话说"女人心海底针"，却从来都没听过有"海上针"的说法。确实，要是我们回想一开始浮沉的原理，由于针比水重，把针丢水里它无疑会往下沉。但如果今天我们换个方式，将缝衣针躺平放在手指上，然后轻放在水面，针居然也能成功地浮在水面上！一开始没抓到诀窍也许会失败，但多半是因为针没有放平，导致一部分的针没入水中而失败，只要多试几次就会成功。这就是物质依靠表面张力所产生的"水面屏障"浮在水面的例子之一。

而且你可以察觉到，这主要并不是依靠水的浮力，因为如果是依靠浮力，那么针没入水后就不应该往下沉，而是应该像泡沫塑料一般，不管你用多大力往水里丢，甚至把它压到水里，最后它都能安稳浮在水面。

讲到这里，你就能想象得出来，"降低表面张力"是什么意思了吧？当我们在水里加入表面活性剂（譬如洗洁精、牙膏等会起泡的清洁剂），就形同降低水分子之间牵引的力量，**好像是让水吃了肌肉松弛剂一样**。加入表面活性剂后，以往能够被水面"撑起来"的东西，例如缝衣针，就不一定能够再次被举起。以刚刚的实验来说，你可以在实验的最后，用手指沾一点点洗洁精，然后轻轻地在水面点一下，看看缝衣针是不是随之沉到水里了呢？

厨房小实验：
观察神奇的表面张力

不必去实验室，在家里利用厨房的道具，我们就能进行简单的表面张力实验：

1. 准备一只碗，装八分满的水，在水面上撒满胡椒粉。

2. 准备洗洁精和其他多种液体，例如牛奶、盐水。

3. 往胡椒水碗里滴入牛奶或盐水，观察水面上胡椒粉的反应。

4. 往胡椒水碗里滴入少量洗洁精，观察水面上胡椒粉的反应。

如果进行了这个实验，你会发现，在步骤 3 时，无论是滴入牛奶还是盐水，水面上的胡椒粉依旧风平浪静、毫无反应。

但在步骤 4 时，**一旦加入洗洁精，原本漂浮在水面的胡椒粉仿佛将洗洁精视为鬼怪一般，吓得急忙朝碗壁方向退开。**

为什么会有这种神奇的现象？这种现象，该如何解释呢？

确实，加入洗洁精可以降低水的表面张力，但并不是滴下去的瞬间，整碗水的表面张力都会同步下降。因碗太大了，洗洁精刚滴入水中，还无法快速扩散到水里的每一处角落，

在盛放胡椒水的碗中央滴洗洁精时，胡椒粉会朝碗壁方向退开

以至于离洗洁精落点较近的水已经因溶有洗洁精而表面张力下降了，**但离落点较远的水还没受到影响**。就像你在一杯水里滴一滴墨水一样，墨汁刚加下去也不是整杯水瞬间转黑，而是缓缓扩散，直到与水均匀混合为止。

洗洁精滴下去之后，就像是在绷紧的保鲜膜表面戳开一个小洞，当保鲜膜中央出现破口，受到四周拉扯的力量的影响，保鲜膜会往四周裂开，中间的小洞就被越扯越破，越破越大。

换到胡椒粉水碗中，情况也一样，漂浮在水面上的胡椒粉随着水面"裂开"的方向，向外朝四方碗壁移动，但由于我们看不到水的流动方向，所以才误以为胡椒粉被"吓跑"了。

其实一天 24 小时里，人几乎离不开表面活性剂。**刷牙用的牙膏、洗脸用的洗面奶、洗手用的洗手液、清洗碗盘用的洗洁精、洗涤衣物用的洗衣粉……还有小朋友喜欢玩的泡泡水，**这些能够让水起泡的**清洁剂**，都是含有表面活性剂的产品。

即便标榜"纯天然"的清洁产品，也只可能代表原料取自大自然，在制造过程中难免也会经过化学加工程序，毕竟产品里添加的表面活性剂不一定能在自然界的动植物中找到，所以：

所谓的"无毒""纯有机"这类字眼，
也许可以让你在使用时更加安心，
但使用后，
还是要仔细将清洁剂冲洗干净。

不过，就像先前几章我们反复谈过的，不必对于"化学处理"四个字太过担心。

化学，顾名思义，正是变化的科学，世界通过化学变得更好或者更坏，全凭使用者怎么处理。相信你绝对是向往让世界变得更好的人，毕竟在倒入洗洁精，把脏污的碗盘冲洗干净的过程中，你正在对它们做出"变干净"的化学处理呢！

决定沉浮的不是质量，而是密度

口语中，我们可能会说："因为油比水轻，所以油会上浮。"但这样的表述是很不科学的，因为就算拿一杯油跟几滴小水珠相混，水珠依然会下沉，所以用质量作为断定沉浮的标准是不合理的，必须加入"相同体积"作为前提。

举例来说，一个空的小纸盒，抛到水中会浮起来，但如果我们将小纸盒中装满沙子就不一样了，即使不用做实验，我们也能想象得出来，装满沉重沙子或石头的小盒子一定会下沉。油与水之间的浮沉也与这个例子很相似，正是因为同体积的情况下，油比水还要轻，所以油才像纸盒一样上浮。

在科学上，想要客观描述物质致密的程度，使用的是"密度"。科学上对密度的定义是"每单位体积的质量"。如果不好理解，我们以小纸盒的例子来说，同样的一个小纸盒，装填沙子前后的体积虽然相同，但倒入沙子之后，盒内的空气被沙子取代，整体也因此变重，盒内的空间仿佛也变"密"了许多。可想而知，密度越大的物质越往下沉。所以"油比水轻"我们应该改成："因为油的密度比水还要小，油才会浮在水上。"

肚里装满食物沉得更快……

在生活中，只要一讲到"黑心食品"，几乎每个人都能立刻联想到毒鸡蛋、塑化剂、苏丹红、漂白豆芽菜、碳酸镁胡椒粉、黑心油……仿佛黑心食品是大家共同的悲惨回忆（事实上也确实如此）。民众对黑心食品的恐惧，并不会因为某一案被揭发而有所缓解，反而更加严重。就像在家中发现一只蟑螂，就代表有更多蟑螂躲藏在看不见的阴暗角落，令人一想就觉得头皮发麻。本章就来聊聊关于食品安全你不能不知道的化学知识。

第 8 章

历史留名但罄竹难书

——食品安全黑历史

三聚氰胺制品
是夜市"好朋友"

　　每次黑心食品事件爆发时，网络上总有人打趣，但这也隐藏着民众的无奈与悲哀。近年来的黑心食品事件中，最令人印象深刻的，除了塑化剂事件，就算是**三聚氰胺毒奶粉事件了**。

　　这起事件之所以令人印象深刻，主要是因为被"加料"的商品是奶粉，而食用奶粉的受害者，是婴幼儿。这些孩子小小年纪，却因为不良商人在牛奶中添加有害的三聚氰胺，导致患肾结石等疾病。

　　三聚氰胺是工业上制作板材、器皿的重要原料之一。

　　这些商品会在哪里出现呢？其实以三聚氰胺为原料制造的器皿非常常见，在夜市、小吃店、面店里，当你享用蚵仔煎、猪血汤等美食的时候，经常会用到那些质感像**塑胶的白色、绿色、红色碗盘**，那些碗盘就是以三聚氰胺作为原料的，俗称**"美耐皿"**。

　　它之所以流行于小吃店等餐厅，主要是因为美耐皿是一种价格便宜、耐高温、抗腐蚀的餐具，而且在夜市人来人往的环境下，商家为了消化客源几乎是分秒必争，没有太多时间清洗顾客们用完的器皿。去过夜市吃饭的人一定知道，清

夜市里常见的塑胶白色、绿色、红色碗盘，就是三聚氰胺制品

理残局的叔叔阿姨几乎都会拿个水桶，将餐桌上的杯盘一扫而入，要是这时候还用陶瓷类的餐具，恐怕一天之内摔破的碗盘都快要将利润侵蚀到所剩无几了，这时候美耐皿轻巧耐摔的特性，便受到许许多多店家的青睐。

等等，工业原料被添加到奶粉当中，听起来似乎不大对，虽然我们知道添加物有分等级，但是三聚氰胺可没有"食用级"的，因为我们已经确知它对人体会造成损伤。不过话说回来，既然大家都知道三聚氰胺不能下肚，不法商人却仍旧"情有独钟"地在奶粉里添加它，想必这其中一定有什么关键吧？

化学小教室

当工厂与烘焙坊都在用小苏打

　　同样的一个化学品名称，你可能曾经在工厂与烘焙坊都看到过。举例来说，碳酸氢钠（俗称小苏打）是工业当中相当重要的碱性原料，同时也是烘焙坊里烤出松软面包的关键。但是请别担心，如果是具有良心的烘焙坊，就不会拿化工厂那种麻布袋装的小苏打加在面包里。同样是小苏打，根据应用面的不同，我们会做出"工业级"与"食品级"的区分。毕竟食品级小苏打是要吃下肚的，因此对于产品的纯度，还有重金属等杂质含量的管控都会比工业级小苏打严格许多，当然从价格上来讲，食品级小苏打自然也就比工业级小苏打高出不少，此时烘焙坊的良心就很重要了。

致无良的店家：回头是岸！

2

三聚氰胺蒙混凯氏定氮法，
是聪明还是狡猾？

　　奶粉是一种经过浓缩干燥处理的食品。通常在上市之前，为了确保奶粉里的有效成分——蛋白质有足够高的浓度，会进行**"含氮量测试"**。这里的**"含氮量"**指的是氮原子的**"质量百分比"**，并不是**"数量百分比"**，当我们面对一个未知的物质，想要知道里面含有哪些原子，并且各占有多少质量，我们会通过元素分析的实验来检测，而检测奶粉有效成分所用的——

　　"凯氏定氮法"，是分析化学（化学分支学科）里，专门测定氮原子质量百分比的手段。

为什么要针对奶粉进行含氮量测试，而不做其他元素，例如含碳量、含氢量的测试？因为牛奶本身富含动物蛋白质，于是构成蛋白质的一个独特的原子——**氮**，就被拿来作为测试指标。要是**氮的占比太低，奶粉就会间接地被认定含牛奶成分太少**。相对地，由于碳原子与氢原子都是构成动植物常见的原子（以牛奶为例，除了蛋白质有碳、氢原子，其他的物质像乳糖、维生素等也都含有它们），因此当你测量碳、氢含量的时候就会造成干扰，没办法知道你得到的分析数值有多少是来自蛋白质，因为也可能来自其他的"嫌疑犯"。所以综上所述，我们自然也就只会挑蛋白质独有的氮原子作为测试对象。

即便如此，这样的测试还是相当粗糙，如同我们说这是一种**"间接判定"**的手法，假设今天所有的奶粉商做的都是良心事业，那么含氮量测试合格，的确就能确定牛奶的纯度。但要是有心人想钻漏洞，在里面添加额外的氮原子，那么即使氮含量过关，我们也无从确认这些氮是否源自牛奶中的蛋白质，或者根本是人为"灌水"的结果，就会落入我们刚刚提到检测碳、氢原子时会面临的窘境。

该说黑心商人很聪明吗？他们发现了凯氏分析法的缺陷，于是开始动歪脑筋、动手脚。一般而言，**蛋白质的平均**

含氮量大约为 16%，如果他们想要偷工减料，那么他们必须找别的氮原子来补充。虽然在阅读这本书的你，目前所呼吸的空气当中有 80% 都是氮气，是如此唾手可得的材料，乍看之下拿氮气来补氮是个很"不错"的方案，不过，将气体与固体混合并不是很聪明的做法，气体一定会飘走的。所以其实只要退而求其次，找到含氮量比蛋白质还高，而且在常温下必须是固体的物质，再将它与奶粉相混，这个可怕的黑心生意便大功告成。

黑心商人在奶粉里加入三聚氰胺以降低成本，牟取暴利

　　一阵寻觅后，**三聚氰胺便成为他们的首选**，因为它的氮含量高达 66％，也就是说，三聚氰胺的氮含量是一般牛奶蛋白质氮含量的 4 倍，**原本只能做一罐奶粉的原料，如今可以改做 4 罐**。又由于三聚氰胺是工业上极为大量使用的工业原料，价格极其便宜，因此黑心商人们铤而走险，把它加进了奶粉里，想要鱼目混珠，降低成本，最终却毒害了许许多多的人。

3

美耐皿会不会对人体造成伤害？

听到这里，你或许会眉头一皱，觉得案情颇不简单。

三聚氰胺既然对人体有害，那么我们怎么还能放心地使用美耐皿餐具？

美耐皿有没有可能残留三聚氰胺？
甚至可能跟着蚵仔煎、猪血汤等美食，
默默地流进我们的体内呢？

不仅答案是肯定的，而且此事难以避免，因为三聚氰胺制成美耐皿的时候，一定无法完全消耗。

更糟糕的是，劣质的美耐皿制品中，所残留的三聚氰胺还会更高，即便是低温环境，也有可能释放出三聚氰胺。虽然美耐皿耐摔不易破损，但使用时难免因为洗洗刷刷而造成划痕，这些划痕，有可能直接导致三聚氰胺溶出更多。

前面曾说过，关于化学物质的摄入，我们只能说："只有最安全的量，没有最安全的物质。"

虽然在一些法规中，制定了成年人对三聚氰胺的每日容许剂量，但真正想要避开三聚氰胺的威胁，你就得先淘汰家中的美耐皿餐具，避免使用，常在外用餐的人也尽量自备环保安全的餐具。如果无可避免，非得使用美耐皿餐具不可，**请记得多喝点水**。因为在正常情况下，三聚氰胺微溶于水，大量饮水代谢，可以降低因其患病的概率。

不过话又说回来，逛夜市的时候，你会发现许多商家为了应付大量人潮，又不想要浪费水洗盘子，会采用另外一种做法：

把碗盘上套一层塑料袋，当客人用餐完毕，
就直接把塑料袋拆下来丢掉，再套一个重复使用。

这种做法看似方便、快速，而且还能有效避免油渍沾在盘子上，对在意摄入三聚氰胺的食客来说，算是免除了三聚氰胺的威胁，但塑料袋的过度使用除了引发了有关环保的争议之外，它更令人不安的是，热腾腾的锅烧面、蚵仔煎、炒面等食物，直接与塑料袋接触，会不会造成塑料袋中的物质溶出？譬如说我们最容易想到的**塑化剂**！

与塑化剂形影不离的
聚氯乙烯

在黑心食品历史中，塑化剂可算是近年来最令大家印象深刻的物质之一。早期大家对"塑化剂"三个字一无所知，但现在只要提起塑化剂，几乎人人谈之色变。可是，

到底什么是塑化剂呢？
它和塑胶有什么关系？

塑化剂中的"塑"字，经常让人误以为只与塑胶有关，但其实并非如此。

所谓"塑化"，只是形容加入这种物质后，可以让整体

材质变得柔软、具有高度可塑性。 所以在日常生活中，塑化剂无处不在，除了部分塑胶制品（并不是每种塑胶都会用到），混凝土、水泥、石膏等，都有塑化剂的影子。但确实，塑化剂在塑胶中的应用是最广泛的，也因为用途广泛，塑化剂的种类有上百种之多。

既然塑化剂有上百种，就不免会有几种对人体的危害性特别高，它们甚至早已默默地陪在我们的身边。

举例来说，有一种塑化剂称为 DEHP［di-（2-ethylhexyl）phthalate，邻苯二甲酸酯的一种，其他地区也称作 DOP］，时常应用在我们听到的一种塑胶材质——**聚氯乙烯**（polyvinyl chloride，简称 PVC）上。用 PVC 制造的水管，色灰、质地坚硬，因此许多大楼或民宅里都能看见这种水管的踪迹。除此之外，它还能应用在雨衣雨鞋、保鲜膜等物品的制造上，不仅耐用，又具有很好的防水性。

但，且慢！讲到这里，你是否觉得有些诡异？

同样都应用了 PVC，为何 PVC 水管质地坚硬，但雨衣、雨鞋和保鲜膜却很柔软？

以其他常见的塑胶来说（例如下文还会提到的聚乙烯、

聚丙烯），如果要调整成品的软硬程度可以经由制程来调整，但 PVC 本身属于硬质的材料，要软化它只能通过添加塑化剂的方式。所以可想而知，**越是柔软的 PVC 制品，往往越要被添加更多的塑化剂**。

　　许多人的烹饪习惯，是把从冰箱中取出的食物，装在碗盘中，包覆一层保鲜膜，再送进微波炉中加热。之所以这么做，主要是因为微波炉加热时，食物难免会溅起油水，用保鲜膜隔绝，可以避免加热过后，微波炉中到处都是喷溅的油水或脏污。

越是柔软的 PVC 制品，往往越要添加更多的塑化剂

　　然而如果食物本身具有油脂，依据我们在第 7 章中提到的"同类互溶"，油脂会更容易将保鲜膜中的塑化剂溶出，而且在加热的情况下还会溶出的比常温下更多。如今已有越来越多的专家学者指出，**如果真要用 PVC 材质的保鲜膜，一定别让保鲜膜接触食材本身**。在选购保鲜膜的时候，尽可能选择含较低风险的塑化剂材质。

　　不过，DEHP 之所以会引起关切，主要是因为**它属于"环境荷尔蒙"，也被称为"内分泌干扰物"，DEHP 会影响人体的内分泌系统，进而干扰生长、代谢、生殖等功能。**

　　所以说在日常生活中我们想要远离塑化剂的影响，最好的办法就是在生活中尽可能避免使用 PVC 产品。

不是每一种塑胶制品
都必须使用塑化剂

说到这里，不知道你会不会有种疑惑，为什么我们要如此聚焦 PVC 呢？这是因为，并不是所有的塑胶都必须使用到塑化剂，事实上，本身质地已经相当柔软的塑胶，加入塑化剂只是多此一举。

如果你常常去逛超市，就会发现，有些保鲜膜的包装上强调"不添加塑化剂"，再看看它们的成分，**通常含有 PE**（polyethylene，**聚乙烯**）。

但不使用 DEHP 的塑料袋、保鲜膜，接触热食就绝对安全吗？这也非常难说，由于在塑料袋的制程中还可能会添加其他添加剂，以热食包装来说，PE 的耐温范围仅在 70 ~ 110 摄氏度，而火锅、热汤面、稀饭这样热腾腾的食物，常常在汤锅大滚的时候就被盛装入袋，当下其温度很有可能就超过七八十摄氏度，有添加剂溶出的风险。可见，PE 材质也不是最耐热的塑胶材质。

生活中常见的塑胶材质中
到底谁最能耐得住高温呢？

聚乙烯制成的塑料袋，耐温度不高，
如果盛装物过热，就有添加剂溶出的风险

答案是 PP（polypropylene，聚丙烯）。你可以稍微注意一下，PP 塑料袋摸起来会比 PE 强韧许多，它的耐温范围是 100 ～ 140 摄氏度，现今**快餐店、便利商店的热饮杯盖，也都是以聚丙烯制成**。下次当你在喝着玉米浓汤或者罐装咖啡的时候，稍微留意一下，它们的包装都会写着"PP"，并且也可以看一下上面写的耐温范围，看看是不是真的比 PE 高出许多。

食品安全是急需被重视的议题，要改善现今的大环境，除了商人必须具备相关的环保意识（当然还得凭良心做事啦），消费者本身还得愿意花时间做功课辨别好坏，支持质量优良的产品，努力用行动告诉制造商我们希望与不希望的结果，避免"劣币驱逐良币"。虽然这免不了是一个长期过程，但绝对值得你从生活的小细节开始落实，使其渐渐变成生活的一部分。

塑胶就是小分子的众志成城!

我们在第 1 章曾说过,要辨别是否为化学变化有个很快速简便的方式,就是看看变化之后有没有生成新的物质。这是因为在化学反应的过程中,原子会再次排列组合,生成新的分子。

在塑胶合成当中,由于原料小分子的结构所致,原子排列组合之后生成的产物依然可以重复和原料小分子反应,可能是和同种分子不断重复反应,也可能是和 2 ~ 3 种不同的小分子交替反应(视情况而定)。无论如何,不断反应的结果是,分子变得越来越长串,就像是锁链一环串一环,所以串联到最后你可以得到一个巨型分子,体积、质量都比一般的小分子还要大许多。

这种"反应成链"的特色之所以特别,是因为大多数的化学反应都不具备这种特质,也正因如此,这么特殊的分子结构,在化学上我们会特别称为"聚合物"或者"高分子"。

聚合物只是物质的一种分类,而塑胶只是聚合物的其中一员,别把聚合物跟塑胶画上等号,因为组成肉类的蛋白质本身也是一种聚合物,淀粉、纤维素、纸张也是。

虽然说并不是所有聚合物都能从名称辨别,不过只要你看到中文名称开头有个"聚",八九不离十都跟聚合物脱离不了关系。举例来说,聚乙烯就是由许多乙烯分子聚合而成的,聚丙烯就是由丙烯分子聚合,以此类推。

聚宝盆就是"宝盆"的众志成城?

176

近年来气泡水可以说是最热门的饮料之一，因为它既无糖，还号称可以控制体重、促进新陈代谢。气泡水风靡一时，占据了一定的市场份额，其市场还在不断扩张中。除了许多饮料厂商相继加入这场商业之战，气泡水机也成为近几年相当火的小家电之一。不过我们今天要讨论的不是气泡水的功效，而是要探讨：那些气泡到底是怎么掺入水里面，跟水融合在一起的？

第 9 章

活跃分子与边缘人的小剧场

—— "溶解度" 狂想曲

1

如果屁不能溶于水，
为什么会有气泡水？

你喜欢喝碳酸饮料吗？通常讲到碳酸饮料，大家想到的大概都是汽水、可乐。炎炎盛夏，当正午太阳高挂天顶的时候，走在大太阳底下，挥汗如雨的你，要是手边有罐冰凉的碳酸饮料，光是旋开瓶盖或打开易拉罐的同时，从瓶中冲出那嗞的一声，几乎就能降低暑热，更别提灌下饮料当下带来的沁凉。

然而随着健康与营养意识的增强，比起"吃了什么"，人们更在乎"吃进什么"，许多人越来越顾忌糖分的摄取。而食品制造商们为了避免让客人摄取过多诸如果糖、蔗糖之类的糖分，经常会改加入甜味剂，像阿斯巴甜、木糖醇、山梨糖醇等成分，作为糖的替代品。是的，这就是为什么那些口香糖宣称无糖，但嚼起来依然有甜味的原因。

对于嗜甜如命的人来说，用甜味剂取代糖，实在是一大福音。对于碳酸饮料爱好者来说，即使是零卡可乐，也无减享受气泡饮料的清爽快感（虽然还是原味的可乐最好喝）。不过还有一群人依然担忧，这些吃起来甜甜的，却不是糖的食物，到底会不会对身体造成伤害？于是，想要追求气泡，却又不追求甜度，**气泡水**就应运而生了。

不过，气泡水到底是怎么做成的呢？

有一个粗俗但非常贴切的比方，可以让大家先想想气体与水的关系。

你有没有曾经在游泳池、浴缸里放屁的经历？ 在水里放屁时，气泡可是会从屁股蹿出"冉冉上升"，最终消散在水面上。虽然这看起来理所当然，不过你可以留意到，气体可是从水池底下穿过层层关卡突破水面，并没有在水中消失，这显示从屁股蹿出的气体并不怎么溶于水。

**事实上，
大多数气体与水之间的相处并不融洽，**

气体很难溶解在水中。

　　"溶解"这种事情就像是学生的活动分组。无论是分组报告还是上台表演,只要老师不硬性规定分组名单,而容许同学们自己去寻找喜欢的朋友凑一组,那么你就会发现,大家会自发性地去找自己平常交好、喜欢的朋友。这就像我们在前面"相似相溶"中所讲到的一样,喜欢高调的人,经常会与同样乐于展现自我、表演欲旺盛的人一组;而喜欢低调的人,也会找个性相似的人一起活动。分子之间的互动与人很相似,它们也喜欢与极性相似的分子混在一起。

气体与水,就像班上调性完全不同的两个团体

　　这就像是气体与水的关系，如你所知，气体非常难溶于水，就像是班上两个调性完全不相同的团体。所以如果疯狂地往水中打气，那么你得到的结果大概就跟你恶作剧般跑去对朋友的手摇杯吹气一样，除了啵啵啵地冒泡以外，整杯水并不会像气泡水那样充满气体（不过，并非每种气体都无法与水互溶，还是有一些容易溶在水中的气体，像氨气、氯化氢等，前者我们称为"氨水"，后者则为"盐酸"）。

　　现在，真正的问题来啦！既然我们知道气体那么难溶在水中，那么它又是如何被封进汽水、可乐或是气泡水里面的？要知道，可乐汽水的气泡主要成分是二氧化碳，它虽然会微溶于水中，但大部分就像在水中放屁一样，咕噜咕噜地脱离水的控制。下一节就来帮大家解答这个疑惑。

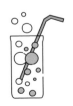

用高压把水和二氧化碳分去同一组！

尽管**水是一种相当万用的溶剂**，可以溶解的物质相当多，然而，由于二氧化碳和水这两者极性差异太大，想要把它们混在一起绝非易事，必须借由某种外在因素"强迫"它们混在一起。

回忆一下学生时代，在活动分组当中，最讨厌也最尴尬的事情，莫过于最后难免有一些落单的人找不到组别，尤其是当自己成为找不到小组的其中一员时，那种你看着我我看着你的窘状，让每一秒钟都显得太漫长。在这种时候，老师通常会怎么做呢?

如果落单的只有一两个人，老师通常都还可以稍微征询一下同学的意见，幸运一点儿的话，还可以趁这个机会去跟喜欢的同学凑在一起。但如果落单的人数刚好能够合并成一组，老师自然就会把剩余的学生凑在一起喽！

只不过，这种凑法就像是"乱点鸳鸯谱"，无论这几个人平时是高调的活跃分子还是低调的边缘人，不管他们平常有没有交集，在老师的高压之下，都被硬组成了一个团队。水跟二氧化碳这时才能溶在一起，但是重点是，到底实务上该怎么操作呢？在班级上有个老师可以来主导这件事，但是在自然界中，要上哪儿找这位"老师"呢？

19 世纪的科学家威廉·亨利（William Henry）就注意到了这件事。他发现有一种办法，可以让我们亲身扮演二氧化碳跟水的"老师"，强迫二氧化碳和水在一起，这个手段就是——**气体加压**。

什么是加压？你可以试验看看，找一个没有金属针头的注射针管，用你的手指堵住出口，用另外一只手施力推动注射器，当你越推越大力，是不是感觉到阻力也越来越明显，就算用尽全力也难以将针筒推到底，仿佛针管里住了好几个"管长"在抵抗你？这是因为气体受到挤压的时候，针管中的气体无法排出，会造成内部压力越来越大，当内部压力增大的同时，抵抗力也跟着越来越大，除非你再施加更多的力才能继续推动。这就是加压的过程。

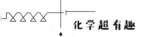

亨利发现，如果想要迫使更多的二氧化碳溶进水里，那么只需要做一件事——

加大压力，二氧化碳就会被逼着跟水溶在一起。
这也就是现今制作汽水、气泡水的基本原理。

不过，你我都知道，水与二氧化碳短暂的结合毕竟是强求而来的，**强求而来的结果不一定甜美**。你一定有过类似经历，当你扭开可乐瓶盖的瞬间，里面绵密的气泡就会前赴后继地涌出，有的时候甚至连带饮料一起喷出来，沾得满手都是。这是因为汽水或可乐的制作过程就像气泡水一样，当初溶在水里的二氧化碳都是厂商用强大的压力硬灌在水里的，

通过加压，强迫二氧化碳溶在水里来制造可乐

一旦移除瓶盖，可乐里的二氧化碳就立刻"逃"出来

而瓶盖扮演着死守关卡的角色，尽可能不让瓶子里的任何二氧化碳逃脱。

然而**一旦移除瓶盖，瓶内的压力瞬间下降，原本溶在可乐里面的二氧化碳就会立刻"逃窜"**，能跑多远就跑多远，能跑多快就跑多快，而且这个过程来得又快又急，瓶口却又小又窄，可乐因此就像喷泉一样涌出。

这也是为什么碳酸饮料开瓶饮用过之后一定要快点儿盖起来，否则时间一长，二氧化碳都散逸出去，留在瓶子里的就只剩糖水喽！

用气泡水机来观察加压

现在许多厂商因为看好气泡水的市场，纷纷引入气泡水机。消费者在购买气泡水机回家时，还必须连同购买二氧化碳钢瓶。那些二氧化碳钢瓶里装的是高压的二氧化碳，当它被装进气泡水机里，按下打气钮时，借由高压，机器将二氧化碳"硬推"进水里，就制作成了气泡水。

从外观看，你会发现在打气时，水瓶中冒出大量的气泡，相当疗愈。然而气体钢瓶是有寿命的，新的钢瓶由于存有相当多的二氧化碳，打气的力道相当充足，随着钢瓶中的二氧化碳逐渐消耗，气体压力也会逐渐变小，直到再也没办法把二氧化碳打入水中，这时候就得换新的钢瓶，这也代表如果你有计划购入一台气泡水机，考量价格的时候不能仅有机器本身，还得依据你喝气泡水的需求，来仔细计算钢瓶更换的频率。

但肠胃不好的人，建议少喝气泡水

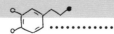

3

喝汽水打嗝，
竟然与溶解度有关？

谈到碳酸饮料，不知道你有没有发现，无论是哪种气泡饮料，大家几乎都喝冰的。虽然也有人选择喝常温的气泡饮料，但好像从没有人喝热的可乐、热的汽水。姑且不论加热的啤酒、可乐、气泡水或香槟喝起来口感如何，但为什么从没有人想要加热饮用呢？这是因为热的气泡饮料几乎快没有气泡，失去了碳酸饮料带来的刺激感。

为什么加热之后，
汽水中的二氧化碳就消失了呢？

首先我们必须先理解，只要牵涉到"溶解"，无论是气体、

糖还是即溶咖啡等的溶解，都和水的温度脱离不了关系。

在一碗清水中投入一小撮糖，刚开始只要稍做搅拌，糖很快就溶解于水，但如果你追加更多糖，随着投入的量越来越多，渐渐地，无论你再怎么搅拌，那些沉在碗底的糖就是无法消散。这是因为糖的量已经超过了水能够溶解的极限，**科学上，我们称这个极限叫"溶解度"，在这个例子中，也就是水最多能够溶解的糖量。**

不过，溶解度并不是一成不变的，当我们将那碗还有沉淀的糖水加热，就会发现，随着温度增加，沉淀在碗中的糖又开始逐渐溶解。而且**水温越高，糖的溶解度也越高。**

气体在人体内的溶解度，会随着人体内温度的上升而下降

　　但也不是所有东西都会随着水温提升而增加溶解度的，譬如气体就是很好的例子。**当水温越来越高，溶解在水里的气体量反而会减少**。这就是为什么饮用碳酸饮料时容易打嗝。

　　人体体温在 37 摄氏度左右，比一瓶冰凉的可乐要高出许多，所以当我们打开可乐，畅饮下肚之后，可乐沿着口腔、食道一路往下滑，流动的过程中，人体的体温就顺势帮可乐加热，二氧化碳也跟着咕噜咕噜地从可乐中释放出来，脱离液体，沿着食道、口腔往上升，然后我们就忍不住打起了嗝来。

　　除此之外，有养鱼经验的朋友一定知道，替鱼缸换水的时候，绝对不可以用煮沸过的水。虽然你可能会觉得，高温煮沸过后的水比较纯净，水里的氯化物、三卤甲烷等物质都会随着煮沸而排出，但别忘记了，在煮沸的过程中，跑掉的可不仅仅是那些不好的物质，就连攸关鱼类生存的氧气也会跑掉，鱼儿可是很快就缺氧窒息，翻肚子死了！

二氧化碳全员逃走中！
在成核点集合吧！

　　想要把二氧化碳从汽水里赶出来，除了我们提到的加热之外，不知道你有没有喝过加盐沙士（一种碳酸饮料），我指的不是外面已经加好盐的那种，而是自己买沙士回来之后，拿家里的盐丢进去。相信只要你做过这件事，看到沙士加盐之后的变化，印象一定很深刻，因为**每加一匙盐，就会有相当绵密的气泡从杯中涌出**。这是因为盐在加入的瞬间，提供了很多非常好的**"成核点"**让二氧化碳聚集，这是什么意思呢？

　　刚开瓶的碳酸饮料，里面的气泡还相当旺盛，只要你仔细观察一下，就会发现气泡生成的位置并不是平均分布在饮料的每个地方，**气泡是由瓶壁"长"出来的**，甚至当你把汽水倒到杯子里，把手指放进水中去，气泡也会从你的手指"长"出来。

事实上，二氧化碳想要从水里逃脱出来的时候，必须要想办法克服水分子之间的吸引力。当一个气泡要生成时，势必将要占有一定的空间，因此就必须试图"推开"周遭的水分。只不过水分子之间的吸引力对它们来讲就好像是一个监狱，光靠自己一个人的力量是无法推开周遭的水分子而"越狱"变成气泡的。

这个时候你就可以看到，二氧化碳之间的互动可是很有"人情味"的，俗话说"团结力量大"，既然一个人力量不够，那么二氧化碳们就耐心等待，若有机会相遇便会互相集结成团，等数量够多、时机成熟了再一起"飞走"，而这才是你在外观上所看到的泡泡。但由于二氧化碳平均分散在水中，它们可没有手机传信相约，所以要增加它们相遇的机会，我们可以替二氧化碳设立一个"地标"，也就是我们所谓的"成核点"。

成核点的意义在于它可以让二氧化碳立即明白：

这个地方能快速找到同伴，
大家一起壮大声势，脱离水中。

每加一匙盐就会提供很多成核点，
让大量的二氧化碳从沙士里冒出来

什么东西可以作为成核点呢？一般来说，**粗糙不平的固体表面是绝佳的场所**，这里的"粗糙不平"不是指人类感受的层级，对二氧化碳来说，甚至连器皿内壁上轻微的刮伤，都能成为成核点，所以像**宝特瓶的瓶壁、你的手指**，还有**加盐沙士的"主角"——盐**，都是能让二氧化碳聚拢的场所。

近几年相当著名的**"曼妥思喷泉"**就是利用曼妥思（一种糖）本身极为粗糙的表面，让二氧化碳可以快速地自碳酸饮料中析出，只要在刚开瓶的碳酸饮料里面丢入曼妥思，饮料会瞬间如喷泉般涌出，有的甚至一喷就是好几米，相当震撼！

除此之外，摇晃瓶身也会导致二氧化碳大量析出，最主要是因为摇动时容易将瓶中的气体包入水中而产生气泡，进而帮助二氧化碳自水中往气泡聚拢来促进二氧化碳析出。而且在晃动的过程中，我们也帮助了二氧化碳在"茫茫人海"当中找到了彼此而聚集起来，当瓶盖一打开，这些蓄势待发的二氧化碳便像断了线的风筝、脱了缰的野马一样，再也回不来啦！

在化学的历史里，很多原本单纯的发现，到了后来，却得到意想不到的利用。譬如 19 世纪那位发现通过加压，有助于气体溶在水中的科学家威廉·亨利，做梦也不可能想到，他那微小的发现，在未来将会被广泛应用在生活中，成为碳酸饮料的制作基础。

**在一定温度下，气体在液体中
溶解的量与该气体的平衡分压成正比。
这样的结论称为"亨利定律"。**

下一次在大热天里，打开冰凉的碳酸饮料，对着瓶口往嘴里灌的时候，除了感受到那股唑的气泡刺激与清凉感之外，别忘了威廉·亨利。那神奇的发现，深深影响、丰富了如今我们每一个碳酸饮料爱好者的人生！

你有压力吗？"哎呀！"一讲到压力，原本脸上还稍有笑容的朋友瞬间愁眉苦脸，他委屈地说起最近运气不佳，差点被公司开除，虽然勉强保住饭碗，但年终奖金只剩空气。

"如果可以，真想当烂泥，瘫在沙发上，一点儿压力也没有。"

"给我醒醒！你以为当烂泥就没有压力吗！"

朋友闻言一愣，他大概没有想过，人生在世，连当烂泥都不那么容易。是的，只要存在于这个世界上，就难以避免外在对我们造成压力，除了工作压力、求学考试压力、金钱压力、升迁压力、婚姻感情上的压力之外，还有一个长期在你身旁，而且挥之不去的压力，就是"大气压力"。

第 10 章

别再说我没抗压性！

——无所不在的"压力"

1

每分每秒
都被空气围殴

你知道吗？其实我们早已习惯大气压力的压迫感。不说你可能不知道，正在阅读这本书的你，全身上下正承受着相当于三层楼高（约 10 米）的水柱的重量！

人类碍于肉眼的限制，无法看清空气在做什么。事实上，此时此刻，你周遭的空气可是忙碌得很。由于空气分子相当轻盈，它们不断地乱窜与飞行。

不过别担心空气会因此从地球飞走，有**地心引力**的帮忙，顽皮的空气分子不会离开地表太远。不过你必须记得一点：离地表越远的地方，**地心引力越弱，因此对空气的束缚力也**

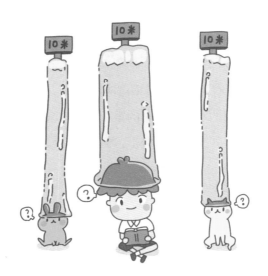

人平时全身上下承受着约三层楼高的水柱的重量

就随之下降，这就是为什么高山上空气比较稀薄的原因。

当然啦，如果一堆空气分子像无头苍蝇一样乱飞，它们不仅会互相碰撞，而且还会不断撞击你的身体。这就好比你站在小朋友玩耍的球池正中央，四周的小朋友们在一声令下后，**从四面八方朝你疯狂投球**，不管你怎么躲，都难免要被球打到。面对这种全方位的攻击，通常人只有两种选择，要么全身蜷缩起来，缩小体积，试图减少被丢中的机会，要么干脆躺倒在地无所谓投球攻击。

上面这个例子，其实是在解释**大气压力的形成**。空气不断地疯狂撞击物体表面（也包括你本人），是产生大气压力的来源。但你有没有想过，这股来自四面八方、无法闪避的压力，相当于三层楼高的水柱压下来的重量，照理来说，在这种巨大的压力下，人早就被压成肉饼了，但——

人体内具备了足以对抗外在大气压力的内压

搭乘快速向上爬的电梯时，人体的内压与外在的压力会不均衡

为什么我们能在不自觉的情况下
对抗这股力量呢？

　　这是因为，**人体内也具备了与大气压力相当的内压，平
衡了外在的压力**。打个比方来说，如果你将手指抵在一张面
巾纸上，只要稍微用力，面巾纸就会被戳出一个洞；但当面
巾纸的另一端也被手指抵住时，两端同样的力道便支撑住了
面巾纸，避免它被戳破。人体中的内压就是这样子的力量，
它抵消了巨大的大气压力。

　　人在怎样的情况下，能够感受到大气压力的存在呢？你有搭过台北101大楼的高速电梯吗？当电梯快速向上爬升时，人便感觉到耳内有些许压迫感，听声音时像是在耳内覆盖了一块布。而当你吞口水时，耳内压迫的感觉便瞬间消散。这种奇怪的变化，我们也可以在搭乘的飞机起飞时感受得到。但为什么人会有这种感觉呢？别忘了，我们先前说过，空气随着高度爬升而逐渐稀薄，当气体数量较少的时候，空气分子撞击身体的频率也就随之下降，大气压力因此随之降低。但外在大气压力降低，而人体内压不变，在内外压力不均衡的情况下，一股由内往外的力量撑着你的耳膜让你感觉到不舒服，这时**通过吞咽口水的动作，导通人体内外的空气，让体内多余的压力因此得以释放，恢复内外压的平衡。**

　　整理上述内容，我们会发现，原来气体产生压力的原因，是气体粒子不断地碰撞物体表面。那么固体和液体的压力又是如何产生的呢？

从水滴鱼
看恐怖的压力不平衡

有别于气体不断碰撞物体表面产生的压力，在日常生活中你能够感觉到固体与液体的压力。正是因为有地心引力的存在，任何物体受到地球引力的牵引，都会有一股**向下坠的力量**，当它压在你身上的时候，你就能具体感受到压力的存在了。

也正因如此，我必须纠正那位想当烂泥躺沙发的朋友。人生在世谁无压力，不过如果要说谁的压力比较大，那我们大家都远输"水滴鱼"一大截呢！

水滴鱼是一种深海鱼类。你可能从没听过它的名字，但如果去网络上搜索一下，看到它那仿佛哭丧着脸的神情、塌鼻梁、全身瘫软得像烂泥的模样，实在很难不觉得它丑得可爱。

水滴鱼是深海鱼，主要生活在水深 600 ~ 1200 米的海域中，它之所以被发现，是因为在人类进行深海捕捞作业时，被意外地打捞上岸。但在我们指着它古怪的长相嘲弄玩笑它时，必须先知道，水滴鱼并不是故意要长成这种烂趴趴的丑样子，一切都是**压力骤降**的缘故。

10 米的水深产生的压力相当于一个标准大气压，
换算下来，生活在 600 ~ 1200 米的深海中，
水滴鱼的环境压力是我们日常的 60 ~ 120 倍之多！

因水压的不同，水滴鱼的长相也会有所变化

因此，为了适应深海的高压，深海鱼类也有一套抵抗压力的办法。人们利用摄影机拍摄深海情景时发现，**水滴鱼在海底时，看起来与一般鱼类并没有什么两样**。但是被意外打捞上岸时，由于外在环境压力骤然降低，水滴鱼本身也没有骨头一般的支撑结构，鱼身就变得像是一个水球软烂软烂的，无法以海底那种看似正常一点儿的样貌见人，于是就被人类票选为最丑动物，实在是很无辜。

通过水滴鱼的例子，你一定可以明白，各种生物都有它们的**"压力舒适圈"**，人类当然也不例外。海底世界的美丽吸引着许多潜水客慕名而至，在地表上生活的人类如果想要到海底世界深潜（一般深潜是指潜水在 18 ~ 40 米深的水域），要是没有好好考虑到水面跟水中的压力差异，容易造成一种称为"减压症"的病症，更通俗的叫法，我们称为**"潜水员病"**。

减压症是什么原因所造成的呢？

我们在前一章提过亨利定律，讲浅一点儿，就是**压力越大，气体溶解得越多的现象**。换言之，如果压力由大变小的时候，气体就会从液体里释出，就像汽水罐开瓶一样。因此潜水员从海底浮上水面时，要是没有经过减压的过程而急速上浮，原先在海底高压环境溶在体液里的氮气就会变成气泡释出，这些气泡在身体内短时间无法消除，**轻则造成皮肤发痒、皮疹、关节痛，重则导致死亡。**

因此潜水员想要从水底浮上水面时，上升的过程不能过快（一般建议以每分钟9米的速度上浮），甚至在上浮到水深5米的深度时，还会被要求在此进行3分钟的"安全停留"，让氮气和缓地从体内释出才能回到地表。不过**由于氮气溶于血液是一个渐进的过程，如果潜水的深度没那么深，只要在一定的时间以内回到水面上，体内累积的氮气就不至于对人体造成威胁。**

虽然这个症状俗称潜水员病，但具有高风险的可不只有潜水员！

既然这个症状还被称作"减压症"，那么只要身处的环境牵扯到压力急遽变化，我们就都得思考如何好好与压力和平共存。像飞机起飞的时候，飞行高度急遽增加，换言之，气压也会跟着急遽下降，照理来说，减压症或多或少地都会反应在乘客身上，不过好在飞机上都会搭载加压舱，让机内的气压尽可能地与地表接近，这样才有了一次舒适的飞行体验。

3

用吸管感受一下
压力如何影响熔点

看到了抗压性极高的水滴鱼，不禁让人讶异生物为了延续它们的基因，不断演化出各种不同的生理构造去对抗外在的艰险，当我们见证"世界之大无奇不有"时，不免发自内心地赞叹。在压力之下，我们看见了生命体的强韧，但也发现，无生命体对于外在压力的变化，也有着一套属于它们的应对规律。

熔点与沸点是我们所熟知，也与生活息息相关的物理性质。当把冰块加热，温度从零下上升到熔点时，代表冰块将在这个温度下熔化直至变为液态水；再持续加热到沸点时，

207

可以看到液态水将冒泡沸腾，变成水蒸气，逸散到空气里。

我们从小到大都被教导，水的熔点是 0 摄氏度，而沸点则是 100 摄氏度，但这两个数字之所以近乎真理般不曾被改变过，是因为我们身处同一标准大气压的环境下所致。换句话说，**物质的熔点与沸点会随着外在压力不同而有所不同。**

当外在压力变大时，大多数的物质熔点会提高，这也意味着会更难熔化，然而水与众不同的地方在于：

当外在压力越高时，熔点反而会降低，这表示冰块受到挤压的时候，会更容易融化为水！

复冰现象

想要亲身体验一下这个现象，我们可以在快餐店点一杯饮料，记得别去冰，接着准备一支细的塑胶吸管，先把饮料喝完好好享受一番，此时杯子底部是不是堆着许多冰块呢？这时，我们用手将吸管口压在冰块上面，一开始力量别太大，慢慢增加力量就好，到最大力的时候稍微"停顿"一下，接着再慢慢将力量变小，将吸管拿起来。

嘿，你的冰块"黏"在吸管上了吗？

这就是很有名的**"复冰现象"**，当我们用吸管抵在冰块上施加压力时，吸管所压住的冰块区域熔点降低，进而融化成水，让吸管稍微深入冰块里面。就在这时我们逐渐将力量变小，冰块上的压力消失，熔点上升，原先融化的水又变回冰块，于是结冰的部位将吸管包覆起来，看起来就像冰块"黏"在吸管口啦！

蒸发与沸腾的差异

换个角度来谈沸点吧！谈沸点与外在压力的关系时，有一个很重要的物理现象我们不能不先提，就是"蒸发"。

把水煮到沸点，水会沸腾，转成水蒸气。但液体不一定非得在沸点时才会变成气体，如果它们这么"顽固"，恐怕今天日常生活中我们光是为了除水、除湿，就会闹出各种意外：

"又见一案例！民众为吹干头发，头皮竟被'蒸熟'！"
"深夜民宅大火！民众：只是拖完地板后想烘干。"

还好，虽然说理论上液体在到达沸点时，会迅速且剧烈地转变为气体，但事实上**在温度到达沸点以前，液体就已经**

在"偷偷地"气化（称为蒸发）。而且**气化的速率会随着温度的增加而增加**（难怪吹头发要用热风），所以上述的恐怖意外，在现实生活中不会发生。

如果我们有一双可以看得见分子在做什么的眼睛，你会发现沸腾这件事，就像是全体动员一样，在温度升高的过程中，所有液体分子都蠢蠢欲动，想要转变成气体，这就是为什么烧开水时，水面会**剧烈翻滚冒泡**。

于是我们会发现，蒸发与沸腾这两件事在本质上存在着巨大差异。人们在拖完地板等水干的时候，不会看见地上的水啵啵啵啵地冒泡，是因为在蒸发的过程中，仅有表层的水变成气体而已。因为只有表面的分子会飘走，所以蒸发的过程比起沸腾而言缓慢且温和了许多。

这也就是说：

只要是液体，在温度到达沸点前，
都会通过蒸发的模式缓慢变成气体，
差异只在于蒸发的速度快或慢而已。

蒸发的速率除了与温度有关，还与液体本身是什么**物质**有关，譬如酒精只要抹在手上后不断摩擦生热，就会快速气化，消散在空气中，但如果是水就没办法这么轻易气化了。

　　不过，在密闭空间中，液体没办法无上限地蒸发哦！你有没有把没喝完的矿泉水拧紧瓶盖后放在桌上一整晚过呢？第二天再来看这个瓶子的时候，你会发现，瓶子内壁上凝结了很多小水珠。另外，你有没有想过，为什么封紧的瓶子，里面的水分不会通通蒸发掉，变成一瓶水蒸气呢？

　　我们可以这样说，水与水蒸气之间变化的过程，不是"单程列车"。**水有可能成为水蒸气，水蒸气也随时会转为液态**

温度越高，水蒸发得越快

水（称为"凝结"），只是蒸发与凝结的速率不一定一样快，两者竞争的结果，决定你会看到什么现象。

所以当瓶盖旋上的那一瞬间，水分依旧不断地蒸发，但由于一开始水蒸气不够多，水蒸发的速率比水蒸气凝结的速率还快，所以你看不出瓶内有什么变化，毕竟人眼是看不到水蒸气的嘛！但随着蒸发的进行，水蒸气也随之越来越多时，凝结的速率也就越来越快。等到水蒸气的密度达到一定程度时，凝结速率终于与蒸发一样快，所以你就可以看见瓶子内壁水蒸气凝结的痕迹，也就是那些小水珠了！因此我们知道，过多的水蒸气会再凝结成液态水，而不会让一瓶水变成一瓶水蒸气。

5

为什么食材 在高海拔地区不易煮熟？

现在，回忆一下我们开头时讲过的压力吧！气体之所以会形成压力，是因为气体粒子不断碰撞物体表面。液体蒸发时，蒸气理所当然地也会成为压力的来源。通过我们刚刚列举的密封矿泉水瓶的例子，我们知道密封环境下，水不会无上限地蒸发而变成一瓶水蒸气，这也代表水蒸气密度不会无上限地增加，最终会在水蒸发与凝结速率相等时达到最大值。既然水蒸气的密度有上限，水蒸气所造成的压力就也有上限，因为气体的密度会直接影响压力大小，气体粒子越多，撞击物体表面的频率越高，压力也就越大。

　　针对水蒸气压达到上限的情形，科学上会用"饱和"这个词来形容，这时候的水蒸气压，又称作**"饱和蒸气压"**。也就是在这个温度下，水蒸气压力值不会再增长了。如果想要提升这个上限，那么只需要想办法提升水蒸气的密度就好。但你可能会问，水蒸气密度的上限不是已经被固定了吗？所以我们增加水蒸气密度的手段是"升温"。通过升温，不仅可以让水蒸发的速率变得更快，水蒸气的密度也会随着温度提高而增加，饱和蒸气压便能随之提升。

　　如果就这么一直升温下去会发生什么有趣的事呢？当你不断提供热量，饱和蒸气压也随着温度提升，一旦提升至与环境压力（大气压力）相等时，我们会发现，此时的水就像是准备冲出去玩的小朋友们一样兴奋，不仅表面会蒸发，连底层部分也开始翻腾冒泡……咦？这个现象不就是**沸腾**吗？

　　于是我们发现了，外在的压力就好像是液体的"紧箍咒"，如果液体温度不够高，就不具有那么强的蒸气压来"突破"这个束缚。结论就是我们所知道的：

因为气压所致，水在 100 摄氏度的时候才会被煮沸。

　　但换句话来说，只要能够掌控外在的气压，水的沸点高低，也就可以被人为掌控了？

　　一点儿都没有错！你有登高山的经历吗？在玉山上，天冷的时候，观测员如果要煮火锅吃可不像在平地上那么容易，除了食材、燃料都得靠人力背上山之外，最重要的是，在高山上煮火锅相当辛苦。毕竟高山上的气压比平地低，于是在**山顶煮开热水或高汤，不需要像平地一样加热到100摄氏度就能沸腾**。一般来说，海拔每上升1000米，沸点就会下降约3摄氏度，以玉山观测站的高度来看，**只要90摄氏度左右就可以把水煮开**，但对火锅里的食材来说，想要煮透，90摄氏度可能还不够，因此必须要花长一点儿的时间。

6

压力锅让你
免于一场地心探险

反向思考一下，既然压力降低，水的沸点也降低，那么：

如果想要让食材快一点儿熟透，
是不是只要跑到地势最低的地方，
随着气压变大，就可以达到目的？

这是一个合理的想法，不过遗憾的是，撇开海洋世界不说，现今陆地最低洼的位置是死海，其湖面低于地中海海平面约 430 米。按照推算，此地煮水，水的沸点在 101 摄氏度左右，相差 1 摄氏度的情况下，能够加快多少煮食的速度？

　　好在在科技发达的今天，我们不需要千里迢迢地来到死海，就能达到期望的目的，只要买一个**压力锅**就好。**压力锅正是借由加压来提高沸点，以快速煮熟食物的厨具。**

　　压力锅具备气密性良好的锅盖，在加热的过程中，锅里的空气受热，导致压力变大，但又因为锅内密封的环境，压力无处释放，所以**内部压力越来越大，沸点也越来越高**。以市售压力锅来说，水温可以达到 110 ~ 120 摄氏度。所以烹调一些必须长时间炖煮的食物，像红烧牛腩、红烧猪脚或骨头高汤之类的，效率比一般锅高。

压力锅内部压力大，所以沸点也高，适合炖煮难煮熟的食材

如果你使用过压力锅，就会发现，当我们烹煮完香喷喷的红烧牛腩，兴冲冲地关火，打开锅上的排气阀，把锅内过多的压力排放掉后，打开锅盖的瞬间，会发现锅里的汤水居然还在**继续翻腾**，这又是为什么呢？燃气不是关掉了吗？

这是因为用压力锅来煮食材的时候，由于沸点上升，锅里的水温超过 100 摄氏度！当我们泄压之后，沸点虽然瞬间降回 100 摄氏度，但水温没能降得那么快，所以你会发现压力锅中的汤水还在翻腾。如果煮完后不急着开盖，等锅逐渐降温，就不会看到这样的景象了。

讲到这里，也许你早已发现压力无处不在，虽说无法用肉眼看见，仅能通过感觉来体会，但早年的人们通过对事物的观察与推测等手段，企图证明压力的存在，后来又通过技术，将肉眼看不见的事物运用在日常生活中，让它们为人所用，造福我们今日的生活。

以压力的运用而言，在日常生活中，人们发明了压力锅，将压力运用于烹饪；在科学的发展中，科学家发现压力也能左右物理反应、化学反应的结果，进而让我们发现气体压力对于人体的影响，才摆脱地球和大气层的种种限制，赋予人类踏入宇宙，向地球以外的世界探索的能力。这看似微小的发现，很有可能将在未来彻底改变人只能居住地球的命运。

压力或许无所不在，
但压力也给了人们探索未知的动力与勇气。

化学小教室

相信我，你其实看不见水蒸气

我们总觉得开水煮沸时所喷出的白雾就是水蒸气，其实是错的！

要是肉眼能够察觉到水蒸气的存在，那么我们的周遭就会朦朦胧胧的，因为水蒸气是无所不在的。

那热水上蒸腾的白雾到底是什么东西呢？答案是液态的小水滴。由于室内的温度比水蒸气低，100摄氏度的水蒸气蒸腾上来的同时，遇冷会凝结成水。因为它们是体积非常非常小的水滴，只能顺着热气往上飞而逐渐消散。但如果想要捕捉它们也并不难，只要看看锅盖内壁，就会发现有很多水蒸气冷凝成的小水珠。

四周变得朦朦胧胧好像也是一种美

后　记

嘿，先恭喜你看完这本书！

作为一本书的后记，还是未能免俗地要感谢看到这里的你（就算你是直接跳到最后来看也没关系啦）。希望读完这本书之后，你对化学多一些认识。毕竟许多人一看到书名是跟化学相关，就连忙说道："我跟化学不熟，我有空再看。"但，你却翻开了！光凭这一点，我认为你绝对值得在心里偷偷地撒花、转圈、拍手，来夸奖一下自己，跨出舒适区绝对不是一件容易的事情。

虽然我在书本里面批评了很多看起来荒腔走板的事情，但我的原意并非希望大家以后看到化学都要给予绝对正面的评价。因为任何一件事情都是一体两面，化学也不例外。我并不觉得大家读完这本书之后，就应该从"化学真坏"改观成"化学真棒"。相反，我希望可以改变的是当下大家对于化学的歧视，让大家用客观的角度来看待化学。唯有保持客观才能清醒面对事实与分析好坏，而不是在深入了解之前就先入为主地妄下定论，否则对于科普教育与推广来说实在不是一件好事。

当然啦，生活中跟化学相关的现象还有很多，希望这本书可以作为你爱上化学的"引路人"。由于这本书是推广给对化学小有兴趣但又不知道从何入门的社会大众，所以深度有限。如果你有兴趣了解更多或者想试试看直接学理论，我就非常建议你多多利用搜索引擎来帮助理解。

与过去相比，现如今取得信息已经相当容易，不像以前，非得依赖图书馆不可。但正因为过于容易，现在的难题就在于如何辨识信息的真假。以我自己的习惯，我喜欢参考本身就有一定公信力的机构发布的信息，因为通常他们本身就是权威，必要时也会引用有公信力的文献，而不是像灌水文章一样喜欢用具有煽动性的文字来挑拨你的情绪。如果你找到了一篇值得信赖的文章，那就恭喜你啦！如果你行有余力，还可以再试着多找几篇具有公信力的同类文章，如果他们的观点也都一致，那么正确率就已经相当高，你就可以放心把这个高质量的知识装入脑袋。

作为作者，不敢说这是一本质量多么高的科普读物，但还是希望要是真的有"化学之神"，知道这世间有许多人愿意帮他发声，可以为此深感欣慰。虽说不一定要知道渗透压才能煮好一锅绿豆汤，但要是这本书可以带给你"哦，原来如此！"的感受，"化学之神"一定会微笑着点点头，双手敞开欢迎你了解更多化学世界的奥妙。